水环境无人监测技术发展与应用

Unmanned Water Environment Monitoring Technology Development and Application

主　编 / 周　滨　邢美楠　李　慧　陈　伟
副主编 / 吴　犇　张云飞　田　野　金小伟

中国环境出版集团 · 北京

图书在版编目（CIP）数据

水环境无人监测技术发展与应用 / 周滨等主编 . —北京：中国环境出版集团，2021.6

ISBN 978-7-5111-4783-7

Ⅰ. ①水… Ⅱ. ①周… Ⅲ. ①水环境—环境监测 Ⅳ. ① X832

中国版本图书馆 CIP 数据核字（2021）第 134372 号

出 版 人 武德凯
责任编辑 田 怡
责任校对 任 丽
装帧设计 彭 杉

出版发行 中国环境出版集团
（100062 北京市东城区广渠门内大街 16 号）
网 址：http：//www.cesp.com.cn
电子邮箱：bjgl@cesp.com.cn
联系电话：010-67112765（编辑管理部）
010-67112739（第六分社）
发行热线：010-67125803，010-67113405（传真）
印 刷 北京中科印刷有限公司
经 销 各地新华书店
版 次 2021 年 6 月第 1 版
印 次 2021 年 6 月第 1 次印刷
开 本 787×1092 1/16
印 张 13
字 数 210 千字
定 价 80.00 元

编写人员

主　　编：周　滨　　邢美楠　　李　慧　　陈　伟

副 主 编：吴　犇　　张云飞　　田　野　　金小伟

参编人员：刘红磊　　于　丹　　徐　杨　　陈　晨
付绪金　　徐威杰　　柴　曼　　刘　丹
孙　颖　　滕海爽　　王　兴　　李　霞
李　冬　　寇蓉蓉　　吕继方　　胡　烨
涂　娟　　李泽利　　檀翠玲　　叶华林
曾　辉　　李　琬

前言

preface

水环境监测是我国生态环境保护工作的重要内容。水质监测是水环境监测工作的重要手段，水质监测技术水平的高低将会直接影响水环境保护工作。

水质监测技术是指对水体中的各类污染物的浓度进行测定，对污染物变化趋势进行分析，并对水质结果进行评价。我国水质监测工作始于20世纪70年代，传统水环境监测多采用手工监测的方式，但手工监测耗时长、监测成本高，无法适应日益复杂的水环境污染状况，传统手工监测逐渐被常规水环境监测、水环境自动监测技术替代。目前常规水环境监测技术的整个监测流程已经较完整，质量可把控性较强，可以实现规范运行和满足水质监测的基础需求。运用水质监测技术可以对水环境进行连续的监测，连续自动监测包括对水质数据进行自动、连续收集，即时分析以及呈现分析结果。国外的水质监测始于19世纪中叶，最早开展水质监测技术研究的国家有美国、以色列、英国、日本等，当时各国主要依赖实验室仪器以及化学试剂进行定量分析和检测，监测分析指标数量有限。20世纪上半叶，地表水监测工作的深入开展以及水质监测工作量的增加，迫使传统的采样与分析方法随之改革，水质自动监测系统逐步出现。20世纪70年代，欧美一些国家就将水质自动化监测技术应用于河流、湖泊等区域的地表水监测过程。

常规的水环境监测技术在应用过程中也出现了一些问题，如监测技术反应不及时、监测不稳定、指标单一等，新型水环境技术的出现弥补了这些不足。新型水环境技术主要包括生物监测技术、遥感监测技术、无人机监测技术、物联网监测技术等，在预测预警、长期监测、新型污染物防治等方面具有明显优势。

随着新型水环境监测技术的逐步应用，水环境监测工作变得更加信息化、智能化，准确性更高，监测领域更加广泛，我国水质监测工作有了显著发展，处于稳步上升的阶段，水环境自动监测已成为我国水环境管理的重要工具。

本书梳理了国内外水环境监测技术的发展历程、水环境监测技术的主要分类，详细介绍了水环境自动监测系统、流域水环境无人监测技术、海洋环境自动监测平台、水生态智慧监测技术、物联网信息化水环境监测技术等的原理、优势及应用范围等内容，对当前主流的水环境技术进行了归纳，同时对未来水环境监测技术的发展进行了展望。

由于本书编写时间紧迫，内容尚有诸多不全面的地方，难免存在纰漏，敬请指正。

目 录

contents

1 序言

我国水环境监测工作起步于1973年，经过几十年的发展，到“十二五”末，已基本形成以手工采样、实验分析为主，自动监测为辅的流域水质监测体系和涵盖主要水污染管控指标、覆盖重要涉水固定源的污染源监督监测体系，有力支撑了水环境管理和水污染防治工作。“十三五”以来，随着水污染防治攻坚工作的不断深入，对监测技术的要求也越来越高。传统监测技术功能的局限性，使其无法快速定位污染来源，无法精准评估环境风险，难以满足新形势下水环境管理的迫切需求。研究并开发稳定、迅速、功能齐全、数据准确的新型监测技术，是未来我国水环境监测领域的工作重点。

目前我国建立的水环境监测平台多以半自动化为主，这也降低了信息传输的及时性，使得环境污染治理措施的推行明显滞后。智能化技术的快速发展，为平台进行智能化升级奠定了坚实的基础。结合实际情况进行智能化监测平台建设，不仅可以提高数据采集的自动化程度、加快数据信息的采集速度，而且能够提升数据分析结果的准确性，为环境治理方案的推行奠定坚实的基础。

近年来发生了很多环境风险事故，如山东滨化集团化工公司“4・15”氮气窒息事故、天津港“8・12”事故。这些环境事故，不仅对人民的生活产生了严重的影响，还为社会安定以及生态环境保护带来负面影响。据统计，20世纪80年代以来，累计发生船舶溢油事故2 500起，如2011年蓬莱19-3溢油事故等。赤潮等环境污染事件也频繁发生，累计发生200余次，如2008年青岛浒苔事件等。此外，陆域环境突发事件也频发，主要包括火灾、化工园区爆炸、有毒物质泄漏等。

天津滨海工业带为京津冀一体化中制造业最终承接地，因为污染物排放量大、成分复杂、风险源密集，面临着水少、质差、生态脆弱等问题。这些问题严重制约着区域的发展，尤其是天津港“8・12”爆炸事故，暴露了天津滨海工业带在水污染应急监测能力方面的不足。

因此，为解决滨海工业带水环境突发事故应急监管、处置能力不足的现实与环境保护需求之间的矛盾，水体污染控制与治理科技重大专项“天津滨海工业带废水污染控制与生态修复综合示范”设置了“事故危险水域现场水质采样及监测技术研究及相关设备研发”子课题（2017ZX07107-005-01）。该子课题研究特大的、突发性的、原因不明的水污染事故的应急处理，如危险品爆炸事故水污染、重金属泄漏、污染河段暗管探测等，开发针对危险水域的多功能无人在线监测技术。

本书拟通过风险水域多功能无人监测技术的研发，解决污染事故区域的陆域屏障问题，从而有效保障监测人员的人身安全，并提高监测取样效率，满足污染事故区域复杂的地物环境特征要求。

2

水环境监测概述

党的十九届五中全会提出：推动绿色发展，促进人与自然和谐共生。坚持绿水青山就是金山银山理念，坚持尊重自然、顺应自然、保护自然，坚持节约优先、保护优先、自然恢复为主，守住自然生态安全边界。这就明确了生态文明建设的重要地位。水环境监测是一项复杂的工作，监测技术的应用，直接关系着水环境监测的信息化、准确化与完整化。在此种情况下，对水环境监测信息化新技术的应用进行探究，对社会发展和技术进步均有重要意义。

水质监测技术是指对水体中的各类污染物的浓度进行测定，对污染物变化趋势进行分析，并对水质结果进行评价。水质监测技术由最初的人工采样与室内分析，逐步发展为仪器监测（便携式设备现场检测），直至现在的在线智能监测（图 2-1）。

第一，人工采样与室内分析阶段。分析人员使用采样杆、采样瓶进行人工采样，采集的样品被带回实验室，通过物理、化学等方法进行实验室分析检测。这种人工采样监测有明显的缺点，即人工采样以及实验室分析工作会耗费人力，数据分析耗时较长，一次性数据量较少，容易产生误差。

第二，仪器监测（便携式设备现场检测）阶段。采用便携式设备进行现场检测，可以明显提高监测效率，保证监测准确度。但是便携式设备现场检测也存在一定的缺点，即便携式设备的检测指标有限，不能同时开展全项指标的检测，也无法联网，不能将数据实时回传，无法实现整个监测流程的系统化。

第三，在线智能监测阶段。智能监测主要是指监测系统的智能化和全自动化。利用自动化的监测技术进行水样采集、数据传输及实时反馈，可以实现对水域全方位的监控。遇到环境突发事故，相关部门可以及时进行反馈，并采取有效措施。

水质在线监测技术根据监测反应的原理不同而有不同的分类，可以分为基于化学反应的在线监测技术、基于光谱反应的在线监测技术等。基于化学反应的在线监测技术是指通过实验室常规的化学分析方法而进行的检测分析。基于化学反应的分析技术从大类分包括重量分析和容量分析。重量分析是指根据试样经过化学实验反应后生成的产物的质量来计算式样的化学组成，也称质量法。容量法是根据试样在反应中所需要消耗的标准试液的体积来进行计算，容量法既可以测定试样的主要成分，也可以测定试样的次要成分。基于光谱反应的在线监测是依据光谱发生原理而形成的分析方法，主要包括红外光谱分析法、紫外光谱分析法、荧光光谱分析法等。

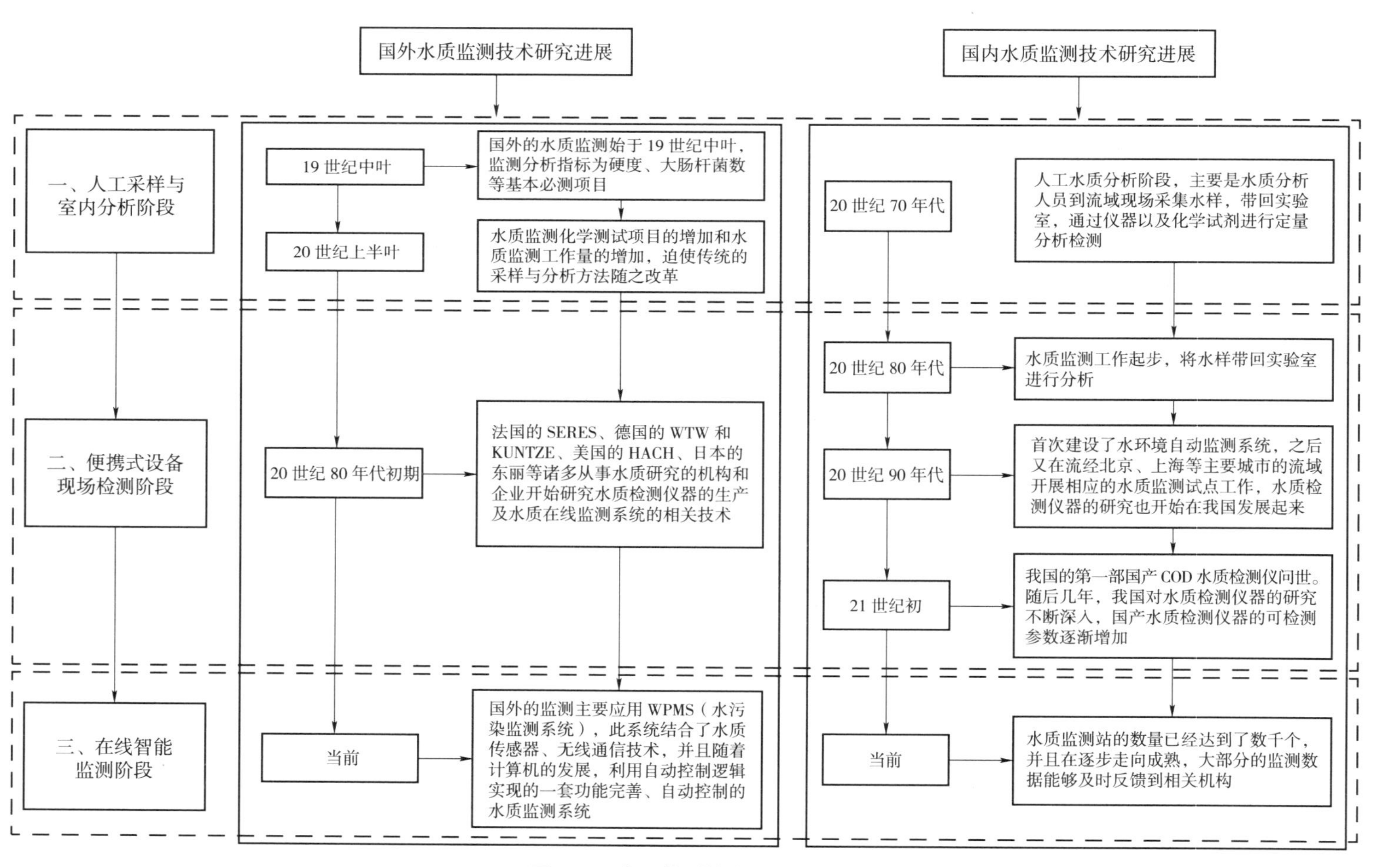

图 2-1　水质监测技术研究进展

与人工监测相比，水质自动监测技术的监测效率较高，监测的准确性和水质采样工作的安全性也较高。自动监测主要是依靠监测设备内在的计算机系统进行数据计算。此外，水质自动监测技术也大大降低了监测成本和人工监测的环境风险。

但是，自动监测技术也有不足。自动监测技术的分析方法还存在一定的局限性，与人工实验室分析相比，可能会因分析方法不标准而导致结果误差。

2.1 水环境监测

水环境监测工作是环境保护工作中的一项基础性工作。从定义上来讲，水环境监测是对水体中的各类污染物进行监视和检测，测定各种污染物的浓度，最终评价水质状况及其变化趋势。在实际工作中，水环境监测工作是针对某个区域内的水环境进行水质采集和检测，并对结果数据进行记录、对比及分析。

2.2 水环境监测技术

水环境监测技术是获取水环境数据的有效手段。随着水环境监测技术的应用，水环境监测工作变得更加信息化、智能化，准确性更高，监测领域更加广泛。目前，我国政府对环保工作越来越重视，环保工作越来越需要更加先进的技术手段。水环境监测技术主要包括常规的人工监测、自动监测、应急监测技术以及基于物联网和3S技术等的信息化新型监测技术。

2.2.1 常规监测技术

我国大部分地区是在河流、湖泊和水库中进行采样监测工作，较多地依靠船只人工采样和岸边人工采样的方法。整个采样监测过程耗费人力、物力，而且耗时也较长，采样人员人身安全也存在一定风险。此外，船只采样使用的燃料（柴油、汽油等）容易对水环境造成二次污染。与常规水环境监测技术相比，人工监测技术存在明显不足。

常规的水环境监测技术是指根据国家有关规定、规范、标准的要求，进行水质采集，并根据实验室的方法进行检测，最后将检测数据与水环境的相关标准进行对比，判定监测的水质标准。常规水环境监测技术的应用较早，截至目前，常规水环境监测技术已经较成熟，形成了较完善的技术体系，得到了广泛的应用。常规监测参数主要包括 pH、温度、浊度、溶解氧、化学需氧量、五日生化需氧量、总氮、总磷、叶绿素、蓝绿藻，以及铅、铁等重金属项目。

目前常规水环境监测的整个监测流程已经较完整，质量可把控，可以实现规范运行，可以满足水质监测的基础需求。然而，在不断应用的过程中，常规水质监测技术也显现出了一定的不足，如时效性较差，不能满足更高的监测需求等。

2.2.2 自动监测技术

水质自动监测技术可以对水环境进行连续的监测，连续自动监测包括对水质数据进行自动连续收集、即时分析以及呈现分析结果。与人工监测相比，自动监测可以缩短监测时间，提高监测效率，弥补了人工监测在这方面的不足。美国等应用水质自动化监测技术的时间较早。在 20 世纪 70 年代，部分国家就将水质自动化监测技术应用在河流、湖泊等区域的地表水监测过程。我国对水环境自动监测技术的应用相对晚一些。20 世纪 90 年代，我国开始应用水环境自动监测技术。对于较大流域面积的监测工作，建立多个自动监测点，同时进行实时监测，较快获取水质监测数据，可以获取整个流域的水质监测信息。我国的水域较复杂，在应用自动化监测技术时，的确需要根据水环境特点以及设备的适用性进行不同的设置。

水质自动监测技术可以为水环境保护工作提供极大的便利，高效地完成水环境监测任务，是水环境保护的重要技术支持。

2.2.3 应急监测技术

应急监测技术的应用，能够满足突发水污染事件的监测需求。在操作过程中，便携式移动设备的规范化应用，能够准确测定现场参数。在水环境突发事件应急监测过程中，要求有较高的监测时效性和准确性。由于应急环境与常规监测环境不同，受环境影响，监测结果容易产生误差，监测的准确性容易受到影响。

应急监测车是一种非常有效的应急监测综合性设备，有较强的时效性和流动性。应急监测车由车体、电源系统、数据采集系统、传输系统等部分组成。应急监测车在应用中可以不受时间、地点、外部环境的限制，可以直接进入环境污染突发事故现场。应急监测车搭载了多种不同的便携式测定仪器、在线分析测定仪器以及其他应急监测设施，监测参数多，时效性强，可以为应急人员提供安全防护。应急监测车还可以及时与相关部门进行沟通，上报水质监测的情况。

然而，应急监测车的经济投入较大，使用及闲置过程中维护成本高。

2.2.4 基于 3S 技术的水环境监测信息化新技术

遥感技术、地理信息系统和全球定位系统简称 3S 技术。3S 技术是一种现代化的信息技术，集成了空间技术、卫星定位、计算机技术以及通信技术等，对空间信息进行采集、处理、分析，并进行展示和应用。

3S 技术越来越多地应用在水环境监测领域，它可以监测水体污染水平，并进行宏观的地形地貌观测和勘查。借助 3S 技术，将信息化技术与现代监测需求融合，可以显著提升水环境监测效率。然而，3S 技术目前尚未得到最大限度的应用，应进一步发掘 3S 技术的其他技术功能，并拓展 3S 技术应用范围，将其科学、合理地应用于水环境监测领域的研究中。

3S 技术在水环境监测领域的多方面应用，促进了水环境监测技术的不断发展，是水环境监测的重要技术支持。

2.2.5 基于物联网技术的水环境监测信息化新技术

物联网技术是一种现代化技术，它能够满足水环境监测的应用需求，通过射频识别与追踪技术、通信网络新技术等的协调，来满足水环境领域的差异化需求。在水环境监测中，物联网技术的应用实现了智慧化的水管理。通过物联网可实现对水体流域的立体化监测，并确保监测数据与参数的多元化，进而帮助监测人员更加全面地掌握水质、河流断面水量和气象等参数，从而实现对河流状态的实时监测；并可根据工作需要来对河流物理、生物与化学等方面的信息进行准确获取，以此实现对河流的在线全要素分析，从而真正了解河流生态系统的跨时空演变趋势，从多个维度开展河流生态环境的关联分析。

例如，澳大利亚通过物联网技术设计了能够监测湖泊的水环境监测系统。此监测系统可以对湖泊水质中的磷酸盐浓度等参数进行准确监测，并可对湖泊的水温、水位等信息进行在线采集，从而全面提高水环境监测质量。

物联网技术应用的一个典型案例是由 IBM（国际商业机器公司）开发的智慧水管理项目。这个项目在美国、澳大利亚等国家进行了实施。在美国纽约实施的基于物联网技术的智慧河流项目，基于分布式传感器网络和立体化检测，获得水量、水质、大气等参数数据，以全面了解河流状态、物理、化学和生化信息。此外，智慧河流项目可以基于大量数据进行多重数学分析，确定水质的时空变化规律，了解人类活动对水质生态系统的影响。物联网技术已经成为水环境监测的有力技术支撑。

爱尔兰和澳大利亚的智慧水管理项目的水环境监测系统，结合了嵌入式监测系统和无线通信系统，可以在线监测水温、理化指标、水位等参数，了解湖泊的具体情况。物联网技术的应用，实现了数据的实时在线监测及传输，有效提高了水质监测的效率。

2.2.6　其他技术

在水环境监测领域，要注重相关技术的引进，将环境监测技术与水利工作紧密结合起来，如将生物传感器、生物芯片技术等应用到水源微生物检测中。这就能够更好地对水源污染状况进行分析和判断，改善水环境监测工作成效。

目前，单一的某种技术已经无法满足发展的需求。水环境信息化技术的发展更加全面，可以兼顾水质、水量，监测范围由单个点、单个河流发展为流域。信息化技术逐渐融入水环境技术体系，与水环境监测技术相互协作，功能日趋完善。

2.3　国外水环境监测技术的发展沿革

国外的水质监测始于 19 世纪中叶，当时各国主要依赖实验室仪器以及化学试剂进行定量分析检测，监测分析指标数量有限，主要有水质硬度、大肠杆菌数等基本必测项目。20 世纪上半叶，随着地表水监测工作的深入开展，水质监测的化学测试项目开始增加，氟、铅、铜、砷、酚和氰化物等陆续被列为水质监测项目。水质监测工作量的增加，迫使传统的采样与分析方法随之改革。

目前，国外的水质监测主要应用水污染监测系统（WPMS）。WPMS 并不是单一科技发展起来的技术，它是随着水质检测仪器功能的日益完善而来的，结合了水质传感器、无线通信技术，并且随着计算机的发展，利用自动控制逻辑实现的一套功能完善、自动控制的水质监测系统。

随着环境监测需求的不断变化，水质监测技术被各国应用于船舶监测，形成了船载式无人监测技术。美国、以色列、英国、日本等国家最早开展水质监测技术研究。1940 年，美国密苏里州和英国泰晤士河建立了水质监测站，主要采用实验室方法进行监测。1967 年，日本在饮用水领域开始了水质监测课题的研究。20 世纪 80 年代初期，世界各国水质监测研究有了较大进步，世界范围内出现首批开始研发水质检测仪器的企业，如法国的 SERES、德国的 KUNTZE、美国的 HACH、日本的东丽等，它们开始研究水质检测仪器的生产。这些企业均是水质监测行业的领航者，技术和经济实力雄厚，在研发上可以投入较大的成本，因此它们研发的水质检测仪器具有较高的精度和准确性，可以同时检测多项指标，自动化能力强，对监测环境有较好的适应性。例如，美国 HACH 生产的蓝色卫士水质在线监测及预警系统，性能优异，能够准确地对水质出现的问题进行判断，并及时预警，时效性强，得到了广泛应用；其研发的多参数水质分析仪，可以同时监测温度、COD、pH、电导率、盐度等参数，能同时存储多达 200 组数据。此外，美国 HACH 还研发了 COD 测定仪、便携式水质毒性分析仪等一系列用于实验室和工业现场的水质分析仪器。法国 SERES 等公司研发的水质监测仪，兼容了先进的技术，能够实现水质参数的自动监测，并且监测精度高、性能好、维护方便，为用户提供了方便、快捷的水质监测手段，受到了用户的欢迎。

1997 年，德国开始研发无人水面艇（USV）。2005 年，德国研发出了可以同时完成多项任务的多功能无人水面艇。意大利于 2005 年研发的“Charlie”号双体无人船，主要应用于南极洲，对海洋表层进行取样，收集水质与大气参数，还对浅水区的鱼雷进行探测。法国 2006 年研发完成的无人船，已经可以配备灭雷器、声呐规避器等设备。2012—2015 年，多家航海领域知名的大型公司和研究机构也对无人船开展了研究，尤其对无人驾驶船舶在自主航行、路线规划纠缠等技术细节及其适用性等方面进行了研究。2016 年，葡萄牙的研究机构研发出了小型的双体无人船。2016 年，挪威的无人船研究也得到了显著发展（图 2-2），挪威海事局等相关机构建立了世界上第一个自主船舶测试区，同年挪威无人船论坛成立。欧洲诸国也正在研究无人船的海上运营法规。2012 年，欧盟投资近 700 万欧元研究无人船驾驶系统、自主航行系统以及岸基监控系统。

图 2-2　挪威无人船“Yara Birkeland”号

图 2-3　美国 Navtec 公司研发的基于喷水动力的 USV-Owl MK Ⅱ

以色列在无人船研究方面处于领先地位，无人船多被应用于军事。以色列研发的“保护者”号无人船，性能佳，口碑好，常被用于海岸、港口海湾的巡逻（图 2-4）。2013 年，以色列开发出了新型的“保护者”号无人船，比之前的“保护者”号性能更好，续航时间超过 12 h，虽然体积更大，但稳定性也更好。2005 年，以色列研发的“Silver Marlin”号中型无人船、“Stingary”号无人船等，用于执行海岸、港湾附近的海岸物标识别、智能化巡逻、电子战争等多项任务。“Stingary”号无人船体积小，隐蔽性强，易于执行任务。“Silver Marlin”号无人船体积稍大，具有自动航行、路线规划、自动避障、岸基监控、卫星通信等功能。

图 2-4　以色列国防部研发的“保护者”系列的 USV

2004 年，英国研发了“Springer”号无人船，该无人船显著提高了 GPS 定位的准确性，可以对航行路线进行规划和预测，主要用于河道、沿海地区的环境探测，还可以进行污染物的追踪。2010 年，英国高校和研究机构联合研发的名为“五月花”号无人船，船体采用三体帆船式，以风能和太阳能作为动力。

2015 年，英国发布先进无人船舶应用开发计划，投资研发先进的水上无人驾驶货船，研究无人货船的岸基控制系统，致力于先进的无人航运理念。2017 年，英国船舶公司开始建设世界上第一艘海上全自动作业船舶，并于 2018 年经过测试后正式投入运营。

美国是最早研究无人船技术的国家之一。20 世纪 70 年代，美国已经可以将无人船应用于舰艇系统。到 21 世纪，美国研发的无人船可以实现雷达、摄像、红外传感等功能，在船的续航时间、航速等方面均有提高，可搭载水深探测设备、水温传感器、气象传感器等，可以在沿海形成无人船船队。2000 年，为了实现对海岸线的自主勘探测量，美国研究了双体无人船，可实现对沿海地区的勘测。2001 年，美国海军开始研究高速无人船。2002 年，美国开始研发“斯巴达侦察兵（Spartan Scout）”号无人船（图 2-5）。“Spartan Scout”号无人船长十余米，可同时完成多项任务，搭载多载荷模块，航行速度高，可以自主化航行。该无人船主要用于监视、侦察、反潜等情报收集工作，同时也可以进行精准打击。2007 年，美国对无人船的研究更加重视，开展了“无人船计划”，规划了未来美国无人船技术的研究投入及发展部署，该计划明确了无人船发展的 4 个级别，4 个级别的无人船在船体长度、船型、续航时间、搭载模块功能、执行任务类型等方面均有明显区别（图 2-6）。

图 2-5　美国“Spartan Scout”号无人船

图 2-6 美国无人船的 4 个级别

2011 年，美国海军研制了无人快速侦察艇，该无人船采用模块化三体设计，具有风力和电力双引擎，侦察信息准确，行驶速度快。2014 年，美国船级社批准建造液化天然气驳船无人船，用于沿海地区液化天然气的散装运输或转运。2016 年，美国军方研究出新型的反潜式无人船，并开始进行世界上最大的无人船研究和实验（图 2-7）。

图 2-7 美国最新型反潜式无人船

此外，美国还研发了续航能力无限长的无人航行器、基于喷水动力的无人船等。这类无人航行器，可以长期行驶在海中，收集海洋数据，测量海洋环境信息；基于喷水动力的无人船，搭载了声呐侧扫、摄像、远红外等多种功能，外形设计具有更好的隐蔽性，行驶更便捷。

日本也致力于无人船舶的研发，2003 年，日本研发的远洋航行无人船，有较强的续航能力，主要用于海洋水质监测，包括物理、化学、生物以及大气指标的监测。目前，日本也在大力研发并建设海上无人船船队。

韩国也是研究无人船技术较早的国家之一。2016 年，韩国无人船的研究，由传统的造船厂向智能化无人船制造转型，多家公司联合致力于智能化无人航行生态系统的研究，主要体现在船舶服务软件智能化方面。

2.4 我国水环境监测技术的发展现状

我国水质监测工作始于 20 世纪 80 年代，目前有了显著发展，处于稳步上升的阶段，但在某些技术研究方面仍有待完善和提高。我国很多研究机构、高校和企业已积极开展水质监测技术的相关研究，水质监测已被纳入国家重点实验研究课题。

水质监测技术发展初期，我国检测水质的方法是将水样带回实验室，通过化学试剂或者等离子光谱仪器进行分析。20 世纪 90 年代末期，在将河北省的滦河水引入天津市的城市供水工程中，我国首次建设了水质环境自动监测系统。随后，北京、上海等城市的水质监测试点工作也积极开展起来。随着水质监测工作的需要，水环境保护和治理逐步被国家和社会关注，水质检测仪器的研究也在我国开始发展起来。21 世纪初，国外水质检测仪器在我国市场的占有率达到了 70% 以上。随着对国外技术的不断学习与研究，2001 年，我国的第一部国产化学需氧量水质检测仪问世，虽然产品的性能并不是十分稳定，精度也不及国外进口的检测仪器高，但是这代表了我国水质监测工作的进步。随后几年，我国对水质检测仪器的研究水平不断提高，国产水质检测仪器可检测的参数逐渐增加，检测功能体现出多元化，从一开始只能检测化学需氧量增加到了浊度、总氮、总磷等多项。此外，虽然当时对很多河流断面进行了测试，但是大部分的检测结果并没有及时地汇集起来，也没有通过网络等途径反馈到水利部门。这就造成水质评估工作无法顺利进行，阻碍水质评价以及水污染治理工作推进。随着互联网技术的迅速发展，我国水质监测工作发展快速，目前，水质监测站的数量已经达到了数千个，并且在逐步地走向成熟，大部分的监测数据能够及时地反馈到相关机构，制成档案进行保留。

目前我国应用得较为广泛的水质监测系统大多是国外的引进设备，进口的水质检测仪器以及水质监测系统不仅价格昂贵，而且很难进行二次开发。我国虽然起步较晚，但是发展速度并不缓慢，正在稳步有序的发展中。

2.4.1 传统水环境监测技术的应用现状

传统水环境监测以手工监测方式为主，主要监测指标为化学需氧量、氨氮、总磷等。采用手工监测方式，采样人员需要预先前往目标点位进行采样，水样采集完毕后送往实验室进行水质分析。手工监测是当前水环境监测中应用最广泛、方法最简便的监测方式，具有监测数据准确、监测指标齐全、适用范围广泛等特点。当前水环境形势日益严峻，新型污染物问题日趋严重，传统监测技术已无法满足更加精细的水环境管理需求。当发生突发性水污染事故时，传统监测技术就表现出一定的局限性，往往不能第一时间反映事故发生时水质的变化情况，具有相对滞后性，无法满足水污染事故及时分析和应急处理需求。在面对复杂严苛的取样条件时，采样人员无法及时前往取样现场。当采样点位和分析指标较多时，需要投入大量的人力、物力，给监测部门组织管理造成巨大压力，不利于水环境监测工作的长期稳定发展。随着我国社会经济快速发展，新型污染物不断涌现，传统监测技术在面对新型污染物时表现乏力，无法客观反映当前水环境质量状况。针对上述传统监测技术存在的不足，重点研究开发新型水环境监测技术，为水环境管理提供强力的支撑。

2.4.2 常规水质自动监测技术的应用现状

我国水环境自动监测技术起步于20世纪80年代初，随着近40年的发展，水环境自动监测已成为我国水环境管理的重要工具，在水环境管理中取得显著成效。水环境自动监测技术能够对目标水域水质情况进行连续监测，能够实现水质数据的实时传输，方便管理部门的决策领导，弥补传统监测响应不及时的缺陷。水环境自动监测技术在水质预测预警方面优势明显，构建水环境预测预警信息系统平台能够及时准确地为相关职能部门提供应急处置措施依据，大大提升水环境风险的应对能力。当前水环境自动监测系统在运行过程中，也存在不少问题。自动监测系统的投资、运维成本较高，相关耗材价格昂贵；对相关技术人员要求高，技术人员需经过系统培训，具备运行、维护、管理自动站的能力；自动监测系统构成复杂，一旦某个环节出现故障，会影响系统的稳定运行；自动监测系统工作环境复杂，监测数据准确性受多种因素影响，需要定期对系统进行维护校正。

对于无固定水质监测点的水域，进行水质监测时多以工作人员现场采样方式或移动式水质监测平台进行采样。随着导航技术的发展，水环境作业无人化产品开始得到迅速的发展，无人船可以替代传统的人工水质监测，降低了工作人员暴露于环境事故的危险性，提高了环保及相关部门的工作效率。

移动式水质监测平台是当前应用最普遍的无人监测技术，其核心设备就是移动式无人监测船艇，在涉水行业中得到了广泛的应用。

（1）移动式水质监测平台的发展现状

我国无人艇技术的研究，与美国等西方发达国家相比存在一定的差距，很多关键领域尚不成熟。我国已有一些从事无人船研究的科研机构、院校及企业等，主要包括自然资源部第一海洋研究所、中国航天科工集团公司沈阳航天新光集团、哈尔滨工程大学、汉海科技有限公司、珠海云洲智能科技有限公司等。

2009 年开始，我国国家海洋局成立研究小组，专门进行无人船系统和相关技术的研发，目前已开发多艘无人船，船长可以达到 3～5 m。2014 年，中船集团开始研发建造智能型干散货船。中国海航科技等公司也开始承担海上航行无人船的研究项目。

我国沈阳航天新光集团研制了海上无人探测船“天象一号”，该无人船曾为北京奥运会的青岛奥帆赛场提供气象保障服务。“天象一号”无人船，船体由玻璃钢和碳纤维制成，船长 6.70 m，宽 2.45 m，高 3.50 m，重 2.30 t，搭载了智能驾驶、雷达搜索、卫星应用、图像处理与传输等系统。在奥帆赛期间，无人船不仅进行了风速、风向、气温、湿度、水温、浪高、海水盐度等指标的测量，而且还能完成浮标无法做到的能见度的测量。“天象一号”探测船有人工遥控和自动驾驶两种工作方式，若途中遇到障碍物，可通过目标搜索识别系统和处理系统进行避让航行，且具有自稳定功能，可满足在高海况下工作的需求。该船配备了可靠的动力系统，航程可达数百米甚至上千米，一次航行可在海面作业 20 天左右，填补了我国海洋气象动态探测空白，在应对海洋突发事件和监测海洋、大型湖泊的环境及灾害预警等方面具有重要意义。

我国武汉理工大学、大连海事大学等单位在无人船自主航行技术、船舶导航技术、远洋船舶和货物的岸基监控、海上目标探测与识别等方面进行了研究和水上测试；在船舶智能航线设计、新型船舶智能导航系统研发、船舶能效运营、船舶主机监测等技术方面开展了研究和实验，也取得了初步成果。

2013 年，我国研发了“海巡 166”号无人船（图 2-8），该无人船选用玻璃钢材质，柴油机为动力，全封闭结构，机动性强，抗沉性和抗风浪能力好。2014 年，上海大学研制了“精海”系列无人艇（图 2-9），该无人艇采用北斗导航系统，导航精度高，具有自主航行、航迹自主跟踪、航迹线远程动态设定、障碍物自主避碰等功能。

图 2-8 “海巡 166”号无人船

图 2-9 “精海”号无人艇

2016 年 3 月，中国船级社发布并实施《智能船舶规范》，该规范对船舶的主要功能进行了规定，包括智能航行、智能船体、智能机舱、智能能效管理、智能货物管理和智能集成平台等功能，并对各功能的技术要求进行了详细说明。其中，智能航行是指根据船舶所具有的技术条件和主要性能，在充分考虑风、浪、流、涌等气象因素以及航行任务、货物特点和船期计划的基础上，保证船舶、人员和货物安全的前提下，设计相应航线、航速并不断进行优化，对水上障碍物进行自主识别并避障，同时尽量保证较低的燃料消耗量。智能航行功能包含了自主航行功能。自主航行功能是指船舶在开阔水域、狭窄水面以及其他复杂水域环境下，自动识别障碍物并进行自动避碰，自动离靠码头，进行自主航行。

2017 年，中国首艘小型无人智能货船项目启动。2017 年 6 月，无人货物运输船开发联盟成立，该联盟由中国船级社、中国舰船研究中心以及多家船舶制造公司组成。同年 7 月，“无人船技术与系统联合重点实验室”揭牌，该实验室由中国船舶工业集团公司、大连海事大学、中国船级社、交通运输部水运科学研究院共建。

2018 年，我国无人船企业、科研院所以及高校等，均在水上无人驾驶航行领域取得了一些研究进展，已形成产学研结合的研究发展态势，我国无人船进入快速发展时期。2018 年 7 月，我国启动了珠海无人船海上测试场建设项目，珠海无人船海上测试场是亚洲首个无人船海上测试平台，项目竣工后该平台将成为世界上面积最大的无人船海上测试平台。2018 年春节联欢活动，珠江口进行了“海陆空”展演，演出以“瞭望者”号海洋无人艇为首，围绕 80 艘小型无人船，同时无人车、无人机也参与了演出。珠海云洲智能科技公司致力于各类智能无人船的研究、制造和应用，已将无人船运用到环境监测的各个领域，进行在线水质污染和核污染监测工作（图 2-10）。

图 2-10　云洲技术团队开发的小型全自动测绘无人船

2018 年，我国启动研制首艘 500 t 无人船（图 2-11），该无人船在 2019 年实现了全球范围内的运营。

图 2-11　国内首艘 500 t 无人船

由于新型水环境监测技术尚处于研究探索阶段，在特定环境水体中应用受限，诸多关键技术仍需进一步攻克和突破。新型水环境监测技术在未来必将成为我国水环境管理领域重要的决策工具，深入探索新技术的基本原理、不断发展新技术的功能应用，是今后我国水环境监测领域的研究重点。

（2）移动式水质监测平台的市场应用

课题组现场调研了佛山、珠海、青岛、天津的几家典型的民用无人船公司，常见的一些无人船类型如下。

①水陆两栖气垫船。

该水陆两栖气垫船集合了多项国内外专利，拥有独创的单涵道矢量推进技术和独特的一体垫升设计，配以先进的航空发动机，可以行驶在湖泊、沼泽、草地、冰面、沙漠中，可以前进、倒退、悬停、漂移、刹车、原地 360° 任意转向。图 2-12～图 2-14 分别是救援型气垫船、游乐型气垫船和气垫船装配现场。表 2-1、表 2-2 分别是夸克 U 系 -2 型气垫船（救援）参数和夸克 U 系 -2 型气垫船（游乐）参数。

图 2-12　救援型气垫船

图 2-13 游乐型气垫船

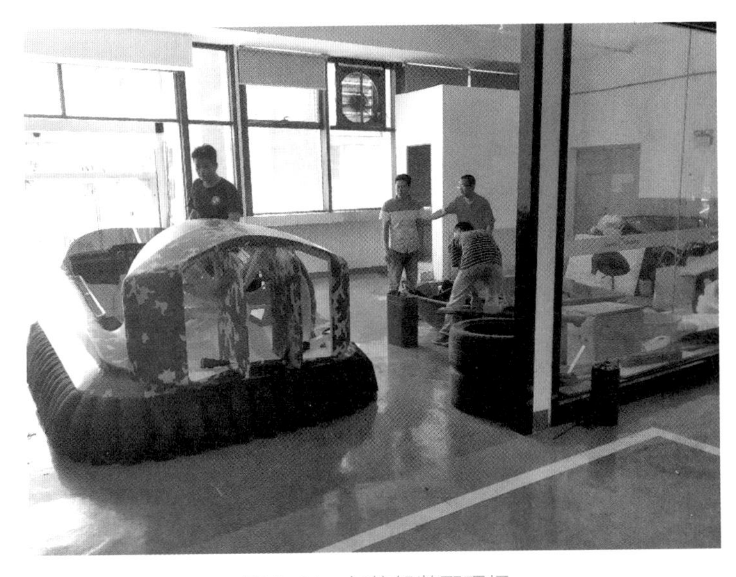

图 2-14 气垫船装配现场

表 2-1　夸克 U 系 -2 型气垫船（救援）参数

<table>
<tr><th>船型</th><th>技术实力</th><th>基本尺寸</th><th>船体尺寸</th><th>净重</th><th>载重</th><th colspan="3">座位</th></tr>
<tr><td>飞鲸 FJ-1 型</td><td>自主研发</td><td>4.3 m×
2.1 m×1.3 m</td><td>4.3 m×
1.9 m×1.3 m</td><td>245 kg</td><td>300 kg</td><td colspan="3">4 人</td></tr>
<tr><td rowspan="2">发动机</td><td colspan="2">发动机类型</td><td>发动机功率</td><td>功率重量比</td><td>容油量</td><td>油耗</td><td colspan="2">续航时间</td></tr>
<tr><td colspan="2">DLE1300’2 缸风冷、
电喷、航空发动机</td><td>65HP</td><td>0.26</td><td>60 L</td><td>15 L</td><td colspan="2">4 h</td></tr>
<tr><td rowspan="2">垫升系统</td><td colspan="4">垫升方式</td><td colspan="4">垫升高度</td></tr>
<tr><td colspan="4">采用先进的空气分流方式、集成的升力和推进系统</td><td colspan="4">0.23 m</td></tr>
<tr><td rowspan="2">推进系统</td><td>螺旋桨</td><td>推进风扇</td><td colspan="2">噪声级</td><td colspan="2">反向推力系统</td><td colspan="2">反向速度</td></tr>
<tr><td>1 个</td><td>9 个聚酰胺叶
片模压成型</td><td>80 dB（10 m 内）</td><td>安装排气消声器</td><td colspan="2">矢量推进系统，
可刹车、悬停、倒退</td><td colspan="2">30 km/h</td></tr>
<tr><td rowspan="2">船体结构</td><td>船体材料</td><td>高浮力增强</td><td>船底防滑保护</td><td>抗沉性能</td><td>船体强度</td><td>船舱形式</td><td colspan="2">座椅形式</td></tr>
<tr><td>复合聚氨酯碳
纤维</td><td>聚氨酯泡沫</td><td>高强度复合
芳纶碳纤维</td><td>不会沉没</td><td>耐冲击、碰撞</td><td>半舱型</td><td colspan="2">长条 + 靠背</td></tr>
<tr><td rowspan="2">围裙</td><td>围裙类型</td><td>围裙材料</td><td>围裙涂层</td><td>围裙更换</td><td>围裙耐磨性</td><td colspan="3">围裙损坏造成的空气损失</td></tr>
<tr><td>手指分段型</td><td>高耐磨尼龙材料</td><td>海帕伦</td><td>30 s 内完成更换，
维修成本低</td><td>耐磨</td><td colspan="3">空气损失小，个别围裙损坏
不影响运行</td></tr>
<tr><td rowspan="2">性能</td><td>速度 -
平静水面</td><td>速度 - 光滑水面</td><td>抗浪能力</td><td>抗风能力</td><td>转向能力</td><td>爬坡能力</td><td>温度范围</td><td>排水</td></tr>
<tr><td>60 km/h</td><td>58～85 km/h</td><td>60 cm</td><td>35 km/h</td><td>原地 360° 转向</td><td>15°</td><td>-34～43℃</td><td>舱底泵
自动排水</td></tr>
</table>

表 2-2 夸克 U 系 -2 型气垫船（游乐）参数

船型	技术实力	基本尺寸	船体尺寸	净重	载重	座位		
飞鲸 FJ-1 型	自主研发	3.6 m × 1.8 m × 1.3 m	3.6 m × 1.6 m × 1.3 m	195 kg	180 kg	2 人		
发动机	发动机类型		发动机功率	功率重量比	容油量	油耗	续航时间	
	DLE1320'2 缸风冷、电喷、航空发动机		40HP	0.2	35 L	11 L	3 h	
垫升系统	垫升方式				垫升高度			
	采用先进的空气分流方式、集成的升力和推进系统				0.23 m			
推进系统	螺旋桨	推进风扇	噪声级		反向推力系统		反向速度	
	1 个	9 个聚酰胺叶片模压成型	85 dB（10 m 内）	安装排气消声器	矢量推进系统，可刹车、悬停、倒退		30 km/h	
船体结构	船体材料	高浮力增强	船底防滑保护	抗沉性能	船体强度	船舱形式	座椅形式	
	复合聚氨酯碳纤维	聚氨酯泡沫	高强度复合芳纶碳纤维	不会沉没	耐冲击、碰撞	半舱型	长条 + 靠背	
围裙	围裙类型	围裙材料	围裙涂层	围裙更换	围裙耐磨性	围裙损坏造成的空气损失		
	手指分段型	高耐磨尼龙材料	海帕伦	30 s 内完成更换，维修成本低	耐磨	空气损失小，个别围裙损坏不影响运行		
性能	速度 - 平静水面	速度 - 光滑水面	抗浪能力	抗风能力	转向能力	爬坡能力	温度范围	排水
	60 km/h	58 ~ 85 km/h	60 cm	35 km/h	原地 360° 转向	15°	-34 ~ 43℃	舱底泵自动排水

②小型智能无人船。

USV 130 应急采样监测船（图 2-15）是一款集应急采样监测与常规水质采样监测于一体的无人船。该无人船集成了智能自主控制技术、自主导航技术、超声波智能避障技术、4G 网络实时通信技术、GPRS 技术等关键技术，最高时速可达 9.26 km/h，可连续航行 6 h。USV 130 应急采样监测船可以实现水质自动采集、污染源追踪、突发污染事件应急反应、自动巡航等诸多功能。该船可以提供完整的水质解决方案，已形成系列产品并在全国进行了推广应用，具有广阔的应用前景。图 2-15 ～ 图 2-21 是国内一些小型无人船的代表。

图 2-15　USV 130 应急采样监测船

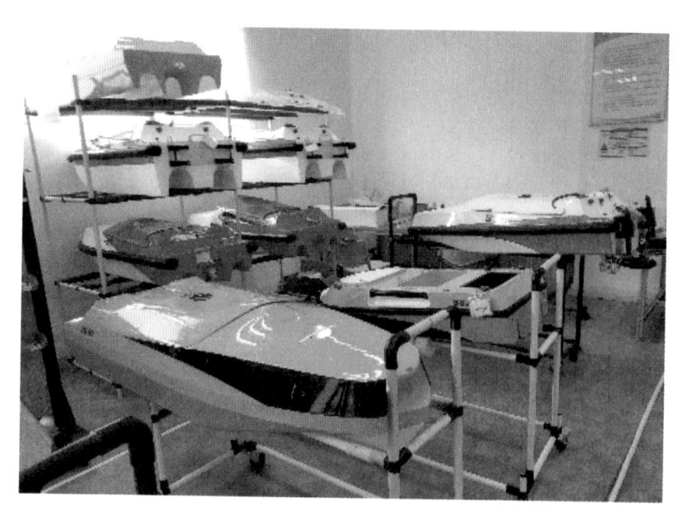

图 2-16　小型无人船船体

图 2-17 SS30 采样无人船

图 2-18 ESM30 采样监测无人船

图 2-19 SL20 水文测量无人船

图 2-20 SL40 暗管探测无人船

图 2-21 便携式小型智能无人艇

③水陆两栖履带式船艇。

课题组调研了中国船舶重工集团公司的水陆两栖履带式船艇，如图 2-22 所示。

图 2-22　水陆两栖艇

④其他无人船。

图 2-23、图 2-24 分别是中国船舶重工集团公司无人艇 R4SA-57 和智能水产养殖洒药艇。

图 2-23　无人艇 R4SA-57

图 2-24 智能水产养殖洒药艇

2.4.3 新型水环境监测技术的发展趋势

传统水环境监测技术已无法满足日益复杂严峻的水污染问题，新型水环境监测技术弥补了传统水环境监测技术反应不及时、监测不稳定、监测指标单一等问题，在预测预警、长期监测、新型污染物防治等方面具有突出优势，新型水环境监测技术的发展为水环境管理及污染防治提供了有效支撑。新型水环境技术主要包括以下几种。

（1）生物监测技术

生物监测技术是一种新型监测应用，当环境发生变化或者有污染物进入时，生物会对这些变化产生敏感反应，生态技术主要是通过这些敏感性的反应来判断水环境污染情况。生物监测、物理监测、化学监测共同组成水环境监测的基本内容。随着水环境保护工作的深入推进，常规的理化监测技术已无法全面、客观地说明水环境质量状况，由水环境质量变化引起的生物学变化过程则能直接反映出水环境质量对生态系统的影响。

生物监测技术主要有以下几方面特点：①可在一定区域内反映水体长期受污染状况；②某些生物对特定污染物或微量污染物具有高度敏感性，克服了部分仪器检测受限的问题；③在生态系统的食物链中，微量污染物质在传输过程中逐步富集，在食物链终端的污染物浓度是初始浓度的数万倍；④同一生物针对不同污染物类型具有不同的症状反应。生物监测技术应与传统监测技术相互配合，共同为水环境管理持续助力，但生物监测耗时长、不同地域生物存在差异性、指示生物对毒物耐受性研究不深入等问题都说明生物监测技术仍具有广阔的发展空间。

（2）遥感监测技术

遥感监测技术是指在不直接接触目标地物的情况下，对目标地物进行远距离探测、识别和获取地物信息的过程。传统水环境监测方式受自然条件和时空等因素影响，具有一定局限性，而遥感监测技术具有宏观、综合、动态和快速等特点，在分析流域水质变化趋势方面优势突出。遥感监测技术主要是对不同水体的光谱特征进行识别和分析，当水体被污染或者水体中含有不同的物质时，其光谱特征与干净的水体的光谱特征不同。例如，光射向水面时，如果水体中含有悬浮物、溶解性有机物、藻类或其他化学物质时，光的吸收和反射会被影响，通过遥感解译可以在图像上被识别，从而推断出水体的水质参数。遥感监测技术常用于监测水体富营养化、泥沙污染、热污染、废水污染、石油污染等。相比于传统监测技术，遥感监测技术仍处于研究探索阶段，未来主要向高光谱分辨率、水质参数模型和水质参数监测项目等方面进行发展。

（3）三维荧光监测技术

三维荧光监测技术是指对具有荧光活性的物质在紫外光激发作用下产生的荧光强度和荧光波长进行检测的一种技术方法。三维荧光技术可以进行定性和定量的检测。具有荧光活性的物质主要是在微生物降解水体有机物过程中产生的，主要有色素、酶、辅酶、代谢产物等，在紫外光的激发下发出其特征荧光。溶解性有机物会因其组成成分和浓度的不同，荧光强度发生变化。荧光强度还与温度、pH、金属离子的存在有关。例如，在测定溶解性有机物的过程中，水环境中的离子、有机物等会发生荧光淬灭，荧光物质的强度会降低。当前，三维荧光技术已广泛应用于饮用水水源监测、湖泊富营养化成因分析及废水生物处理性能评价等方面，与平行因子分析法、主成分回归和偏最小二乘回归等化学计量学方法结合，共同成为复杂多组分体系三维荧光解析手段。三维荧光技术具有灵敏度高、操作简便、检测迅速、试剂消耗量少等优点，目前三维荧光技术已与主成分分析法、平行因子分析法等化学计量法相结合，形成了一种更高级、综合性更强的三维荧光解析方法，已广泛应用于湖泊富营养化分析、饮用水水源地监测、污染物溯源示踪、废水生物处理等工作中。但是，三维荧光技术在荧光光谱技术模型方面仍存在一些不足，需要进一步优化。

（4）无人机监测技术

无人机是随着我国当前科学技术的发展而出现的一种新型技术，最早被应用于代替人类完成高强度和高风险的工作中，以保证实际工作的有序进行。随着无人机技术在实际中的应用效果的显著提高，其被广泛应用于各行各业中。无人机还可以在一些环境比较恶劣的条件下进行水环境的监测工作。因为我国内陆水体相对较为复杂，一些水域面积较小，但存在的污染物质类型多种多样，在实际工作中给工作人员带来诸多困难，再加上水环境监测工作对精准度要求较高，因此无人机在水环境监测工作中的应用前景是非常广阔的，在实际应用的过程中的优势也较为明显。

（5）物联网监测技术

所谓的物联网主要是将相应的定位系统、传感器等设施设置在需要进行检测的位置，利用这些检测设施能够实现对现场数据信息的有效采集，并通过网络将这些数据信息传输到监测中心，能够有效实现对相应设施的实时监控。

目前，我国物联网建设投入不断加大，物联网逐渐成为我国环境保护的重要手段，被广泛应用于生态环境监测中。它可以减少监测成本，并且使检测结果更具有科学性。

由于新型水环境监测技术尚处于研究探索阶段，在特定环境水体中应用受限，诸多关键技术仍需进一步攻克突破。新型水环境监测技术在未来必将成为我国水环境管理领域重要的决策工具，深入探索新技术的基本原理，不断发展新技术的功能应用，是今后我国水环境监测领域的研究重点。

2.5 目前我国水环境监测工作存在的问题及建议

2.5.1 目前存在的问题

（1）缺少监测管理力度

现阶段，从我国所进行的环境监测情况来看，现行的管理制度缺少一定的效率。这样会导致在实际进行水环境监测时，不同部门间难以展开有效的深度合作，降低水环境的整体监测效率。在具体监测过程中，地表水监测应依托监测标准及有关内容进行综合性分析，确保每一环节质量并且避免出现不良问题。

（2）监测数据信息未达标

对地表水环境监测数据的要求则是应具有一定的代表性，能够完整清晰地呈现地表水环境具体情况。可是因为部分监测单位在实际工作中无法确保监测数据的精准度，一些监测人员因为缺少工作经验与过硬的专业能力，进而难以真实反映监测区域的地表水环境，对环境质量的后续控制造成影响。此外，在一些地区进行的环境监测因为监测标准低所以难以满足现实需求。由此，在监测地表水资源环境时，应该依托监测技术、监测方式以及评价标准等有关因素进行分析，进而提高监测地表水环境的数据精准度。

（3）环境分析不到位

在对地表水环境中的微生物、重金属离子等指标进行监测时，环境监测机构把代表数据获取、现场采样以及实验室分析视为重点工作内容，却忽略了实验室分析过程中涉及的仪器设备，仍使用较为落后的仪器设备，致使综合分析不到位，直接影响地表水环境监测效果。现阶段，我国地表水环境监测主要是简单评价相关数据，并没有科学评估发生水污染的原因等，因此为进一步开展监测活动带来阻碍。

（4）监测及信息处理水平偏低

关于环境监测，其中最关键的莫过于信息处理能力与监测能力，这是因为这两项技能会对监测水平造成直接影响。可是从我国当前地表水环境实际监测情况分析，无论是基础储备、监测手段还是人才素质均和理想指标存在一定差距，亟须解决监测工作中的不足。对于有关信息处理，即使我国制定的上报数据规定已较为完善，资料管理与数据监测更加制度化，实现了传递监测信息效率的提升，但是只关注监测结果的问题仍较为严重。部分监测人员没有对得到数据结果的原因深入分析，干扰监测数据的因素也无法确保彻底排除，在这种情况下，自然无法保证监测数据的可靠性，从而增加了环境监测的困难程度。

2.5.2 建议

（1）新技术引入水环境监测

在地表水环境实际监测中，应该有效应用不同种类的现代化管理技术，主要有生物监测与遥感监测技术等，从而确保地表水环境监测数据的精准性，保证监测质量，让后续水环境治理做到有据可依。

遥感监控属于新型学科，而且有效应用于诸多领域，重点是依据水质参数与经验分析进行调查，进而对水资源情况有效监测。遥感技术能真实反馈水质情况，明确水质在空间与时间方面的影响，进而科学制定应对水资源污染的高效处理举措。监测人员将遥感技术有效引入地表水环境监测工作，一方面能全面了解水域周边及其所处环境；另一方面还能借助风向预测、技术监测以及绘图等方式，针对对象目标进行智能与集约监测，而且能增加水质监测参数，如叶绿色浓度、悬浮物等。随着科学技术的进步，在地表水环境监测工作中会进一步扩大遥感技术的应用范围，并提高其应用价值。

生物监测技术主要是借助生物种群与个体进行水环境污染的监测与评价，且具有明显的敏感性，主要采取水生生物进行监测，所以实践应用价值较高。例如可通过鱼类、水藻等进行生物监测，从生物生存情况展开分析水质状况，以此制定治理与改善水资源污染举措，从而让人们可以获得更为优质的水资源。

（2）积极推广高效、操作简便的水质检测装置

地表水分布范围广，所以对其的监测任务较为繁重，而且时常发生程度不一的污染事件，因此快速与及时的现场检测尤为重要。出于提升检测效率的需要，应该使用高效、操作简便的检测装置，例如用车载 X 射线荧光光谱分析设备来监测微量元素、常量数据等，在提高判断速度与准确度的同时，减少监测周期，为制定应对方案提供保障。所以，在实际检测中应推广与应用高效的检测装置。

（3）强化管理监测站

政府有关机构应进一步推动地表水环境监测机制改革。环境监测部门不仅应具备独立性，而且需接受上级部门的考核及监督，和同级部门展开有效的协同合作，从而为水污染监测与防治工作贡献自己的力量。

（4）增强信息处理与监测能力

目前我国水污染问题愈加严重，因此在线监测地表水环境很有必要。通过先进的信息化技术，对地表水环境进行远程与实时监测，提升传输数据效率。建立集约化的监测平台共享数据信息，以此提升数据监测的准确性，为顺利开展水污染防治提供保障。另外，还应汲取国际先进技术，并和我国基本国情相结合，增强监测能

力与信息处理能力。

综上所述，在环境监测领域内，水环境监测是一项重要内容，直接关系着生态系统的良性运行，关系着水利事业的发展。因此在水环境监测工作中，要基于现有技术，科学应用信息化新技术，全面提升水环境监测成效，更好地为社会提供优质服务。

3

水环境自动监测系统

3.1 水环境自动监测概述

水质自动监测系统是指自动、连续地获取水质监测数据的系统。在实际水质监测工作中，常常通过建立水质监测站来获取水质监测数据。水环境自动监测系统可以对自动监测站进行远程自动操控，包括水样采集、监测、结果分析。水质自动监测系统可以准确、快速、实时地输送水质信息。

水质自动监测系统是一套以在线自动分析仪器为核心，运用现代传感技术、自动测量及自动控制技术、计算机应用技术以及相关的专用分析软件和通信网络组成的综合性的在线自动监测体系。

水质自动监测在国外起步较早，我国的水质自动监测、移动快速分析等预警预报体系建设与国外相比相对滞后。1998 年以来，我国已先后在七大水系的 10 个重点流域建成了 100 个国家地表水水质自动监测站。各地方根据环境管理需要，也陆续建立了 400 多个地方级地表水水质自动监测站，实现了水质自动监测周报。水质自动监测系统可以实现监测自动化、实现水污染的预警预报，对防止污染事件的进一步发展可起到至关重要的作用；水质自动监测系统还可以实现水质信息的在线查询和共享，并快速为领导决策提供科学依据。

水质自动监测系统是监测仪器系统、处理系统、采样系统、控制系统、数据的采集处理及传输系统、远程数据管理系统的集成与综合。

与传统的人工采样、人力监测相比，自动监测技术一方面可以对水质实现实时连续监测，另一方面数据依托信息化技术自动远程传输，数据使用部门可以根据需要随时提取水质监测数据。传统的人工采样、人力监测存在采样、监测实验劳动强度大，获取数据周期长，无法即时获得水质数据等缺陷，因此现代自动监测技术取代人工采样、人力监测具有深远的社会意义和经济意义。

3.2 水环境自动监测的主要功能

3.2.1 水环境自动监测的功能

水质监测要有连续性和时效性。在监测站安装水质自动监测设备，对水质监测项目数据进行实时采集和分析，并及时反馈到环境保护中心，有效保障了水质数据的连续性和时效性。根据水源的不同，水质监测项目的选择也应各有侧重。如饮用水水源地水质监测的重点项目应该为水温、盐度、余氯、浊度等指标，而排污口或污水处理厂的水质监测重点为重金属离子、pH、浊度等指标，也可以依据各监测地点的不同情况进行合理扩展。

3.2.2 信息发布、查询功能

水质自动监测系统在长期收集、分析水质监测数据的基础上，还具有信息发布和查询功能，实现了水环境资料的在线检索。水质自动监测系统可以对水质数据进行计算和分析，并且结果准确、快速。此外，水质自动监测系统还具备信息互访、数据共享等功能，可以有效地为环境保护管理工作进行服务，极大地提高了水环境管理效率。

3.2.3 预警功能

预警功能在及时采集并分析水质监测数据的基础上实现，水质自动监测技术可以使相关工作人员及时接收到监测设备的报警信息，快速进行现场查看，对水污染问题起到预防作用。预警功能主要依靠颜色、图标、声音等方式对各项参数进行预警，一旦水质监测设备出现故障或水质监测数据超标，水质监测系统就会自动报警。

3.3 水环境自动监测系统的优势

水质自动监测系统主要有能够监测较宽范围水体的固定式传统监测系统、可灵活移动的移动式监测系统和直接放入水体中而不依赖其他媒介传输的自动监测系统，这些监测系统适用于不同的水体监测需求。但是各系统的使用受系统承载设备的设计和各环节组成顺序影响较大，有学者利用水质监测车、在线监测技术系统和其他辅助设备等组成了车载式水质自动监测系统。研究发现该系统能够顺利实现水质的自动采样、自动分析和数据的实时传输，不仅克服了人工水质监测自动化程度较低的困难，同时也解决了固定式自动水质监测站需要人工调整的问题。

3.3.1 提供信息支持

水环境治理速度和治理效果与监测情况有很大的关系，在传统的监测工作中，水体监测数据质量经常受到技术原因和人为原因的影响，使得监测工作效率受到限制，而水环境自动监测系统则很好地解决了这一问题。自动监测系统有较高的准确性，同时能够对水体进行实时监测，因此利用这一系统人们能够快速获得大量数据信息，提高了水环境保护与治理工作效率。

3.3.2 提升水环境监测效率

利用自动监测技术对水体实施监测，能够大幅提升水环境监测效率。技术人员只需要在恰当的地点安装好监测感应装置，就可以在远距离进行操作监控，监控人员根据系统反馈的图标和数据能够快速及时地制定治理措施。自动监测系统大大减轻了监测人员的工作量，提高了水环境监测的效率。

3.3.3 降低水环境监测成本

使用自动监测系统进行水环境监测后，监测部门只需要配置少量高技术性人才，减少了实地监测人员数量，降低了监测工作的人力成本和时间成本。

3.3.4 减少水环境监测质量问题

传统人工监测工作过程中，监测质量会受到大量外界因素影响，例如水体采样质量的影响、水质检测流程的影响以及操作规范性的影响等。而采用自动监测技术能够在很大程度上规避以上问题，提升了水环境监测的整体质量。

3.4 水环境自动监测的重要性

随着我国经济的高速发展，环境保护尤其是生态环境保护，受到了越来越多的关注，如何统筹好经济发展与环境保护，保证生态环境安全，成为现阶段的重要议题。加强水环境监测能够为人们的日常用水提供有效保障，有效减轻河流污染、土地沙漠化的影响。从源头上解决水污染问题，尤其是污染较为严重的地区需要采用全天候的监控方式，传统方式已经无法满足实际的需求。在现阶段的地表水环境监测过程中，自动监测技术具有很强的优势：在控制好污染范围的同时，能够加强严重污染源的监控，有效降低水污染的危害；同时结合地表水环境周边状况，合理安排监测周期，全面提高资源利用率，加强地表水环境的污染防控。

3.5 自动监测技术在水环境保护中的应用

3.5.1 在地表水质量监测中的应用

自动监测技术能够对地表水进行持续性的监测，分析出地表水的质量情况。当江河湖泊有严重污染情况发生时，自动监测系统能够及时向控制中心发送信息。近年来，自动监测技术在我国地表水监测工作中得到了广泛的应用，截至 2020 年上半年，我国各大河流、湖泊以及入海口处均已成功修建水环境自动监测站，从而全面推动了我国水体监测的现代化发展。

2008 年汶川大地震，中国环境监测总站通过水质自动监测系统对灾区水域水质实现了远程监测，根据当地站点反馈的水质自动监测数据对灾区水域监测频率做出了调整，并在第一时间分析了灾区受灾前后水域监测内容数据的变化，及时将水域受灾情况上报给国家抗震救灾指挥部。

3.5.2 在水库水质监测中的应用

在我国水库承担着为农业生产和人们生产生活提供水资源的责任，因此对水库水质进行监测是一项十分重要的工作。采用传统水质监测方法对水库水质进行监测，无法做到长时间、高频率的监测，一旦水库水资源受到污染不能第一时间发现处理；而采用自动监测技术进行水质监测，能够很好地长时间连续监测，使得监测人员能够及时发现水库出现的各种问题，在产生严重危害前及时采取控制措施，并使问题得以解决。

2007—2009 年太湖水质自动监测站通过对监控项目进行严格监测和分析，判断蓝藻的生长趋势和状况，为水质污染情况提前预警发挥了极大的作用。

3.5.3 在排污口水质监测中的应用

在排污口的监测工作中，自动监测技术具有一定的抗干扰性，可以避免监测环境复杂引起的监测准确度低的问题；同时也可以避免监测人员在复杂监测环境下工作受到人身伤害等问题。

4

流域水环境无人监测技术

4.1 传统站房式水质自动监测站

4.1.1 传统站房式水质自动监测站概述

传统站房式水质自动监测站是我国较早投入建设并应用的一种水质自动监测站，传统站房式水质自动监测站能够每两小时进行一次监测，频率较高。这种自动监测站大多数应用组柜式系统结构，同时还应用了较多先进的水质传感器和分析仪表，可以对水温、电导率进行有效的在线监测。大量的实验数据表明，传统站房式水质自动监测站在当前的自动监测站中有着较强的稳定性、较高的精准度，其监测数据与实验室检验结果相比较，偏差维持在 10% 以内。

水质自动监测站是以在线分析仪器为核心，运用自动控制技术、现代自动监测技术、网络通信技术、计算机应用技术以及相关的专用分析软件和通信网络所组成的一个综合性在线自动监测系统，能够在线连续监测、存储，并远程传输数据。

20 世纪 80 年代，我国在天津建立了第一个自动监测系统试点站；20 世纪 90 年代，分别在上海和北京等地区先后建立了水质自动监测站。截至 2020 年，我国已经建立了 1 000 多座水质自动监测站。

我国水质自动监测站点多数设置在河流、湖库的重要水质断面、重要水源地以及敏感水域，监测参数主要为水温、pH、溶解氧、浊度、电导率、高锰酸盐指数、氨氮、总磷和总氮等。部分自动监测站根据不同需求，选配重金属、生物综合毒性指标，或增加质控以及定期数据比对等质量保证措施，以确保数据的准确性。

国内自动监测站建设初期，在线水质监测技术落后，监测仪器以进口设备为主。随着国产在线分析仪器的研发，一些水质自动监测站逐步选配了技术比较成熟的国产仪器，如高锰酸盐指数、氨氮、总氮和总磷监测仪等；在运行管理方面，水质自动监测站已经实现了无人值守、定期维护的管理模式，数据通过有线或无线方式传输至水环境管理部门，能够实时在线监测水质的变化。

目前我国正在运行的自动监测站网络已经基本覆盖主要流域、主要河段，为我国环境保护工作提供了重要的基础数据，维持自动监测站网络的长期、稳定运行，是我国环境保护工作的重要基础。

4.1.2 传统站房式水质自动监测站的结构

设置水质自动监测站可实现对基础水质参数（如 COD、氨氮、总氮、总磷）的实时、客观监测。水质自动监测站根据实际情况建在工业废水排出口下游，或支流入口处等。水质自动监测站系统采用景观监测小屋的方式，建站更适用于城市生态水系景观河道，部分现场征地难度较大的位置可采用简易岸边站。

水质自动监测站由站房、仪表分析单元、取水单元、配水单元、控制系统、辅助系统等组成。

①站房：采用砖混结构，面积 60 m^2，配备空调以及防低温保温系统；

②仪表分析单元：包括常规五参数（pH、水温、电导率、浊度、溶解氧），高锰酸盐指数，氨氮，总氮，总磷，化学需氧量在线监测仪器；

③取水单元：采水和管道系统将水样采集、预处理后供各分析仪表使用；

④配水单元：系统泵阀及辅助设备由 PLC 控制系统统一进行控制；

⑤控制系统：各仪表数据经 RS232/RS485 接口由数据采集工控设备进行统一采集和处理，系统数据支持光纤和无线传输两种传输模式；

⑥辅助系统：为防止雷击影响，水质自动监测系统配置完善的防直击雷和感应雷措施。系统配置智能环境监控单元对系统整体安全、消防和动力配电进行智能监控。同时，水质自动监测站设置有视频监控装置，可远程实时对取水口状况、站房内部状况进行监视。

4.1.3 传统站房式水质自动监测站存在的不足

虽经过多年发展，但与发达国家相比，我国水质监测技术在很多方面还比较落后，水质自动监测站在建设和运行中也存在诸多不足。例如系统集成复杂，运行管理要求高，容易影响监测数据的稳定性和准确性；监测指标数量少；监测技术标准与国家标准不一致导致无法进行水质评价；进口水质监测仪器无法适应国内某些水质监测环境，导致监测结果较难进行评价。

4.1.4 传统水质自动监测站的应用

（1）在水质预警预报中的应用

水质自动监测站在水质预警中多次发挥重要作用。2001 年夏季，淮南石头埠断面水质自动监测站自动报警，监测数据显示水体电导率快速上升，经调查发现有污水排入监测环境。此次自动监测站报警，成功避免了污水对下游水环境的影响。2003 年 1 月，武汉宗关水质自动监测站发现水体 pH 和溶解氧的水平出现异常，经调查和后期跟踪，此次 pH 和溶解氧水平异常，是水华现象的前兆。基于此次预警，监测人员对该流域水华情况进行了跟踪，从而了解到水华污染发生、发展、结束全过程。2003 年 5 月，黄河潼关水质自动监测站出现自动报警，监测数据显示氨氮、总有机碳浓度快速上升，溶解氧浓度快速下降，预测出附近水环境出现水污染。在引黄济津调水过程中，黄河花园口自动监测站发出自动警报，工作小组及时采取中止调水措施，保证了跨流域调水的水质安全。由上述应用案例可知，水质自动监测站可以实时、连续地对水体中污染物浓度及变化趋势进行监测，并在水质指标发生突然变化时进行自动预警，对水体的污染进行判断，对水环境安全进行保护。

（2）在河流污染监控中的应用

水质自动监测站通过实时监测污染物浓度，能及时反映水质变化情况。2002 年 12 月、2003 年 1 月黄河花园口水质自动监测站的连续监测数据显示，每到节假日水体中污染物浓度会出现升高的现象。经调查，部分企业利用节假日偷排、超排。黄河流域水资源保护部门及时将这一情况通报给地方环保部门，偷排、超排现象得到控制，有效地保护了黄河水资源。

4.1.5 基于无人船的湖库水环境自动监测站

（1）概述

基于无人船的湖库水环境自动监测站由水质监测无人船、智能船坞、远程集控中心组成，通过移动公网、专网进行指令下发、状态监控和数据交互等活动。

无人船延续了传统方式（浮标站、固定站）全自动在线监测的特点，又弥补了传统方式监测点位单一、不能反映湖库水质整体情况的劣势。在岸基部署智能船坞可对无人船进行自动收放和能源补给，弥补了无人船无法全天候作业和需要人为搬运、驻守的不足。在配备多条无人船协同作业时，远程集控中心便可以对大面积水域或同一地区多个水域进行同步监测和管理。

随着无人船监测网点的部署和监测数据库的不断丰富，监测人员可分析出区域内水质动态趋势，有效加强了区域管理，为污染动态研究、湖泊富营养化预测、湖泊水库水污染治理提供科学依据，为水环境管理与决策提供科学有效的技术支撑。

（2）系统架构

基于无人船的湖库水环境自动监测站的系统架构主要包括水质监测无人船、智能船坞、远程集控中心等部分（见图 4-1）。

图 4-1　系统架构

水质监测无人船作为新兴的智能化平台，可搭载多种任务，对水质（温度、电导率、pH、溶解氧、浊度、叶绿素、化学需氧量、氨氮等）、水文（水深、流速、流量）、气象（气压、气温、相对湿度、降水量、风速、风向）信息进行综合监测。水质监测无人船具有独特的船型和安全性设计，其特点为重心低、航态稳，可浅水投放，作业于危险、污染、复杂水域，可以替代人工完成重复性工作，提升工作安全性和效率。通过预置航行任务，可实现覆盖全水域的移动式、网格化监测，全面、实时地掌握水域整体状态。对于大面积水域来说可采用多条无人船协同作业，实现全天候不间断流动监测。

对于需要长期连续监测的水域可在其近岸部署智能船坞，通过精确引导和定位，完成无人船的自动收放和能源补给，避免了无人船的来回运输，为无人船的全天候作业提供保障。智能船坞的能源由市电、蓄电池和太阳能综合提供，这 3 种供给方式能够无缝切换。智能船坞配有安防监控系统，工作状态和视频同步回传至监控中心并与告警平台联动，可有效保障智能船坞及无人船的安全。

远程监控中心部署于岸基监控中心，对辖区内部署的所有无人船进行实时监控和管理。根据需要对无人船任务进行规划，通过移动公网、专网等下发航行任务，对航行状态、任务过程进行监测，自动完成水环境监测数据的采集、分析和展示，足不出户即可对被监测水域环境信息了如指掌。

（3）工作模式

系统工作模式如图 4-2 所示。系统部署完毕后，用户根据需要在监控中心规划无人船工作任务并设定任务启动条件；任务触发后，智能船坞自动释放无人船；无人船按预定航线执行监测任务并实时上传监测结果；任务完毕或遇突发状况（设备故障、电量不足等）无人船自动返回船坞；智能船坞自动回收无人船并对无人船充电，完成后切断回路，无人船进入休眠状态等待下次任务触发。

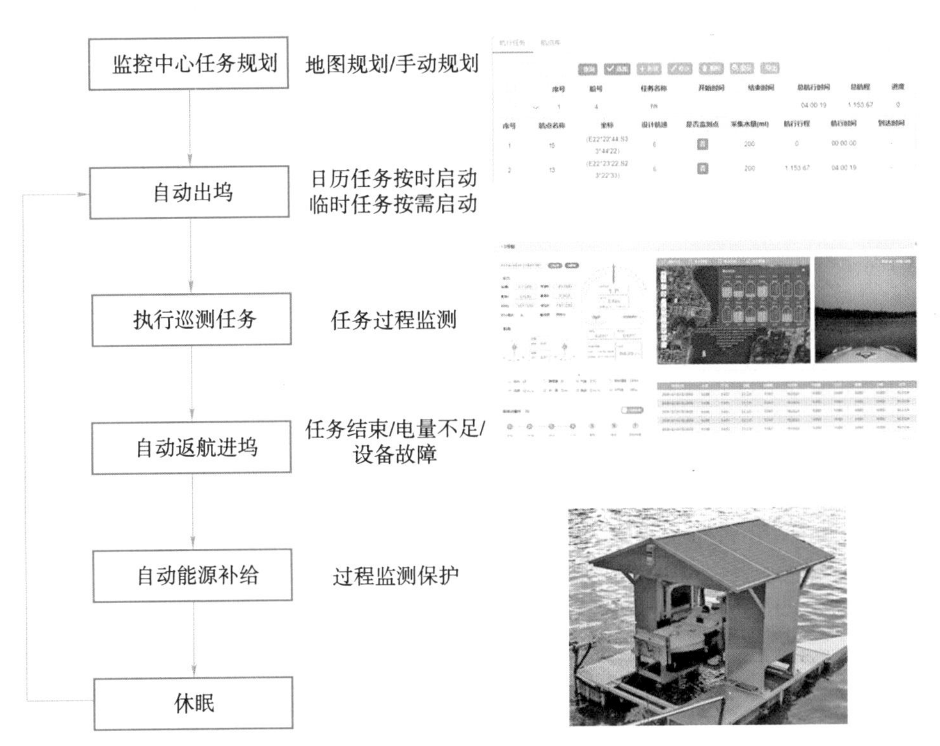

图 4-2　系统工作模式

整个监测工作系统自动完成，无需人员干预。工作期间，无人船、智能船坞状态实时回传至监控中心，异常时联动告警。

（4）优势

①任务载荷灵活搭配，一船可实现多种应用：多参数水质监测、气象环境监测、水深测量、流速流量测量，暗管排查，分层水质采样。

②移动式网格化监测，全水域覆盖，可以根据水质各指标情况生成热力图（图 4-3），监测结果更加全面真实，及时反映污染情况。

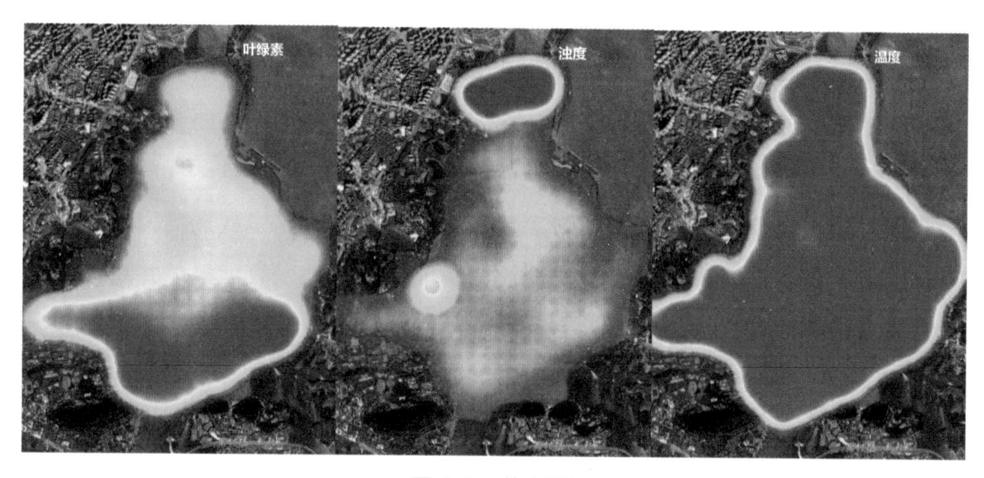

图 4-3　热力图

③智能船坞对无人船进行收放和能源补给，使得无人船长期、连续作业成为可能，且无需人员干预。

④任务按需规划，日常监测、应急监测均可自动触发并执行。

⑤后台管理集成度高，一套系统实现多水域监测、多船调度管理。

4.2　浮标一体化监测技术

4.2.1　浮标概述

浮标是指锚定在指定位置、浮于水面的一种航标。浮标用来标记航行的范围，指示航道浅滩，或指示危及航行安全的障碍物。航标有许多种，浮标是航标中的一种类型，浮标也分很多种，不同的类型有不同的用途。

根据不同的功能需求，浮标可以搭载不同的设备，例如装有灯具的浮标称为灯浮标；装有信号发射装置的浮标为信号浮标，用于在日夜通航水域标记航道；此外，有的浮标还装有水质监测探头、雷达应答器、无线电指向标、雾警信号和海洋调查仪器等设备，用于信号传输、环境调查、水质监测等工作。

浮标有不同的种类和规格，按布设的水域可分为海上浮标和内河浮标。海上浮标标身的基本形状有罐形、锥形、球形、柱形、杆形等。由于浮标受风、浪、潮的影响，标体有一定浮移范围，不能当作测定船位的标志。若采用活结式杆形浮标则位置准确，受撞后浮标可复位。内河浮标有鼓形浮标、三角形浮标、棒形浮标、横流浮标和左右通航浮标等。浮标的形状、涂色、顶标、灯质（灯光节奏、光色、闪光周期）等都按规定标准制作，均有特定含义。

4.2.2 浮标监测系统

浮标监测系统主要通过在河流 / 湖库布放监测浮标（安装有水质在线监测传感器及辅助系统）达成数据自动采集、数据存储、北斗数据传输、北斗 /GPS 定位及自动报警等功能，为政府有关部门提供直观、实时的监测断面水质环境数据与信息。浮标式水质自动在线监测系统由基本支撑系统（浮标体）、监测仪器、数据采集系统、数据传输系统、定位系统、供电系统、安全防护系统、数据服务系统等子系统组成。

4.2.3 浮标站及其结构

浮标站由浮标、监测传感器、供电设备、采集传输控制设备、防护设备和锚系设备等组成。在无人值守的条件下，浮标站通过搭载在浮标载体上的水质、水文、气象等传感器对浮标站布放地水体环境，进行长期、连续、同步、自动地监测，并及时传输监测结果。

（1）浮标

浮标由浮体、支架、防撞装置、防雷设备、电子舱等构成，具有防撞、防腐蚀、防雷等功能，浮标可根据实际传感器安装需要确定尺寸，并可预留传感器安装端口。

（2）监测传感器

浮标站可搭载水质监测仪（如营养盐监测仪、化学需氧量监测仪等）、水文传感器等；可监测温度、溶解氧、pH、浊度、电导率、叶绿素、蓝绿藻、化学需氧量、高锰酸盐指数、总有机碳、总磷、总氮、氨氮和气象等指标。

（3）供电设备

供电设备由太阳能、充电控制器和蓄电池组成；太阳能板装在浮体上，蓄电池安装在电子舱内；太阳能结合蓄电池供电能确保在连续阴雨天情况下，浮标监测站正常工作 30 天以上。

（4）采集传输控制设备

采集传输控制设备由数据采集控制模块、无线通信和天线组成；可实现双向通信；具备自容功能，将采集的数据存贮在模块中，在通信偶尔中断时不会丢失数据，通信恢复后，存贮的数据立即传输；通过 GSM 实现无线网络传输，可在任意地点组建网络。

（5）防护设备

防护设备由防雷装置、雷达反射器、GPS、警示灯等组成；GPS 的作用是定位浮标，实时发送浮标经纬度信息；当台风、盗窃等原因造成浮标偏离布放位置时，系统将发出浮标偏离报警信息，并实时给出浮标当前位置信息；警示灯能在夜晚和雾天警示过往船舶绕道行驶。

（6）锚系设备

锚系设备由系留环、锚链和锚组成，锚系能确保在不同水位条件下水中浮体的稳定。

4.2.4 浮标站的特点

①浮标站能做到在布放的位置进行连续在线监测，浮标站监测位置具有代表性，监测周期和监测频率可以灵活设置、监测数据全面，监测结果及时传输。

②浮标站抗干扰能力强，管理维护方便。

③监测数据能实时反映浮标所在水域水质、水文环境情况。

④监测数据可应用于水环境管理的各个方面。

⑤浮标站的使用弥补了人工采样带来的数据不全面（一般是一年采几次水样、

每次在几个时间段内进行采样）、监测效率低和人工采样成本高等缺陷。

⑥浮标站的使用弥补了水环境地面站采样位置的片面性、监测结果与水体实际情况存在一定偏差的局限性。

4.2.5 浮标站的监测原理

（1）定位系统

GPS 的作用是定位浮标，实时发送浮标经纬度信息。当台风、盗窃等原因造成浮标偏离布放位置时，系统将发出浮标偏离报警信息，并实时给出浮标当前位置信息。

（2）电力供应

浮标站上装有太阳能光伏电池和可充电全封闭铅蓄电池。太阳能板装在浮体上，铅蓄电池装在浮体内部，有阳光时浮标站的太阳能光伏电池提供充裕的充电电流，并源源不断地将光能转换为电能供浮标使用，同时剩余的电能不断地给浮标内的蓄电池进行充电，以保证蓄电池在连续 30 天阴雨条件下供电正常，保证浮标站的正常工作。

（3）数据采集、传输

浮标站的数据传输遵循数据完整、传输高效、安全的原则。第一步是通过采集板将检测传感器的数据进行打包；第二步是将打包后的数据发到无线传输模块，通过无线网络传回服务器；第三步是对数据进行解包，通过登录服务器的方式对浮标站的数据进行查阅。浮标站数据传输过程应有数据完整性和传输高效性的特点。

数据完整性：由于无线网络信号的不确定性，数据传输的完整性存在风险，在浮标站的数据传输过程中采用了自容式存储器，将采集的数据通过芯片进行自动存储，在通信偶尔中断时不丢数据，通信恢复后，之前未传输的数据发送回服务器，确保数据完整。

传输高效性：数据的传输通过无线传输模块并采用无线网络进行传输，数据传输高效，能实时反映浮标所在水域的水质变化。

（4）浮标站的监测指标

浮标站的监测指标主要包括水质监测指标、水文监测指标和气象监测指标。

水质监测指标包括常规水质监测指标、有机污染监测指标、营养盐监测指标。

常规水质监测指标主要包括温度、电导率、溶解氧、浊度、叶绿素、蓝绿藻。有机污染监测指标主要包括COD、高锰酸盐指数、TOC。营养盐监测指标主要包括氨氮、亚硝酸盐氮、硝酸盐氮、总氮、磷酸盐、总磷。

水文监测指标主要包括流速、流向、水深。

气象监测指标主要包括风速、风向、降雨、气压、温度、相对湿度、光照度。

4.2.6 浮标站的应用

浮标站在国外已有20年的应用历史，从气象浮标逐步发展为水质及水文浮标站，使用的范围也从海洋扩展到湖泊及河流；浮标站在国内的应用有将近10年的历史，最初是近海海域海水水质浮标站，后来使用范围逐步扩展到湖泊及河流。

（1）饮用水水源地预警

饮用水水源多半在人迹罕至的地区，具有人工采样不方便、设立固定站房缺乏代表性等特点，用浮标站进行监测可以弥补这些缺点。近年来浙江省内主要饮用水水源地相继设立了多个浮标站，对水源地进行监控和预警，起到了良好的作用。饮用水水源地预警浮标站监测指标一般可设为温度、溶解氧、pH、浊度、电导率、叶绿素、蓝绿藻等。

（2）库区水质监控

库区系人工形成的湖泊，库区水域承载着上游的来水和本区域的纳污。上游来水情况对水质影响很大，库区水域通常范围大、水较深，库区水质监控一般是库区来水、出水和库区中间区域同时进行。目前重庆市三峡库区和浙江省淳安县新安江千岛湖库区均已布放了多个浮标站。库区浮标站监测指标一般可设为温度（温度链）、溶解氧、pH、浊度、电导率、叶绿素、蓝绿藻、高锰酸盐指数、氨氮、水深和流速等。

（3）湖区水质预警

湖区系天然湖泊，形成年代久远，水质普遍具有富营养化的特点，湖区的水质监测着重考虑以蓝绿藻为主的生态监测，像太湖湖区和湖北武汉市的东湖均已设立浮标站，湖区浮标站监测指标一般设为温度、溶解氧、pH、浊度、电导率、叶绿素、蓝绿藻、氨氮、总氮、水深、流速和气象指标等。

（4）交界断面水质监控

目前交界断面水质监控一般要设立地面站房，由于站房占地面积大，因此在交界断面的河流中设立浮标站是今后的发展趋势。交界断面浮标站的监测指标一般可设为温度、溶解氧、pH、浊度、电导率、化学需氧量、氨氮、总氮、总磷等。

（5）通量站

通量站是同时检测通过交界断面的水质浓度指标和过水流量指标并通过计算得出污染物通量，将交界断面污染物考核由浓度转化为污染物通量，实现流域重量控制。目前千岛湖浙江、安徽交界断面浮标站式通量站正在建设过程中。通量站的监测指标一般可设为温度、溶解氧、pH、浊度、化学需氧量、氨氮、总氮、总磷、流速、水深、断面面积等。

（6）海洋监测浮标站

近年来，我国近海海洋环境污染事件频发，海洋生态浮标站的应用范围也逐步扩大，从最初的福建厦门沿海逐步扩展到浙江及上海沿海海域。监测指标由常规指标扩展到营养盐指标。海洋浮标站的监测指标一般可设为温度、溶解氧、pH、浊度、盐度、电导率、叶绿素、藻类、氨氮、亚硝酸盐氮、硝酸盐氮、磷酸盐、水深、流速和气象等。

4.3 风险水域水质自动取样监测技术

4.3.1 技术概述

风险水域水质自动取样监测技术旨在解决天津港“8・12”事故复杂现场环境难以快速采样监测的问题。通过整合水质监测单元、水样采集单元、4G 无线通信模块、上位机系统、控制单元等模块，实现路线规划、自主避障、定点分层采样等功能，以解决远距离水质采样监测困难的问题，避免监测人员在有毒有害区域作业过程中的身体接触。

风险水域多功能安全监测技术解决了目前存在的事故条件下危险水域样品采集危险性高、难度大的现实问题。它将采样无人艇系统、自动操控系统、数据 / 视频传输系统、监视 / 采样设备、地面监视控制站等设施进行系统整合，形成危险区域的水陆两栖无人取样及监测平台，最大限度地避免了监测人员在有毒有害区域作业过程中的身体接触，并有效确保监测数据的代表性与准确性，为后续制定环境应急措施提供科学依据。

4.3.2　技术原理

水陆两栖移动式无人取样监测技术整合了上位机系统、无线通信模块、数据采集单元、水质监测单元、传感器模块、分层采样技术、自主航行技术、路径规划技术、自主避障技术等系统。具体技术路线如图 4-4 所示。

4.3.3　控制单元

控制单元的主要功能是接收上位机下达的指令并执行，收集当前智能水质监测数据并上传。控制单元由嵌入式系统构成，包括电机驱动模块、通信模块、GPS 定位模块、电子罗盘模块、超声波避障模块等。该单元可以实现自主巡航功能及人工远程遥控功能。通过识别上位机下达的指令，该单元会做出相应的反应。

控制单元的硬件控制电路板的设计分为 3 个部分：第一部分为控制电路板底板部分，按照绘制的原理图与 PCB 图进行加工制作。第二部分是芯片底座及接口部分，将芯片底座与各模块的接口焊接在电路板上的相应部位。第三部分是各个功能模块，将各个模块与对应的模块接口链接并用玻璃胶打死固定，该设计的优点在于既可以实现控制单元的硬件电路功能，又方便日后的功能检修。

整个嵌入式系统选取的核心处理芯片为 STM32 系列。该系列芯片是半导体公司专门设计的高性能、低功耗、低成本的嵌入式应用的 ARM Cortex-M3 内核。FLASH 内存为 512 K，RAM 内存为 64 K。芯片的最高工作频率为 72 MHz，拥有 3 种低功耗模式。该芯片可通过 JTAG、SWD 两种模式进行调试，拥有 80 个 I/O 端口，4 个 16 位定时器。该芯片同时具备多种通信接口：18 Mbit/s 的 SPI 通信接口、12C 通信接口、USART 通信接口，USB 2.0 通信接口和 CAN 总线通信接口等，此外还有 12 位的 ADC 模数转换器。因此，这种芯片的特性可以满足该控制单元的硬件设计需要。

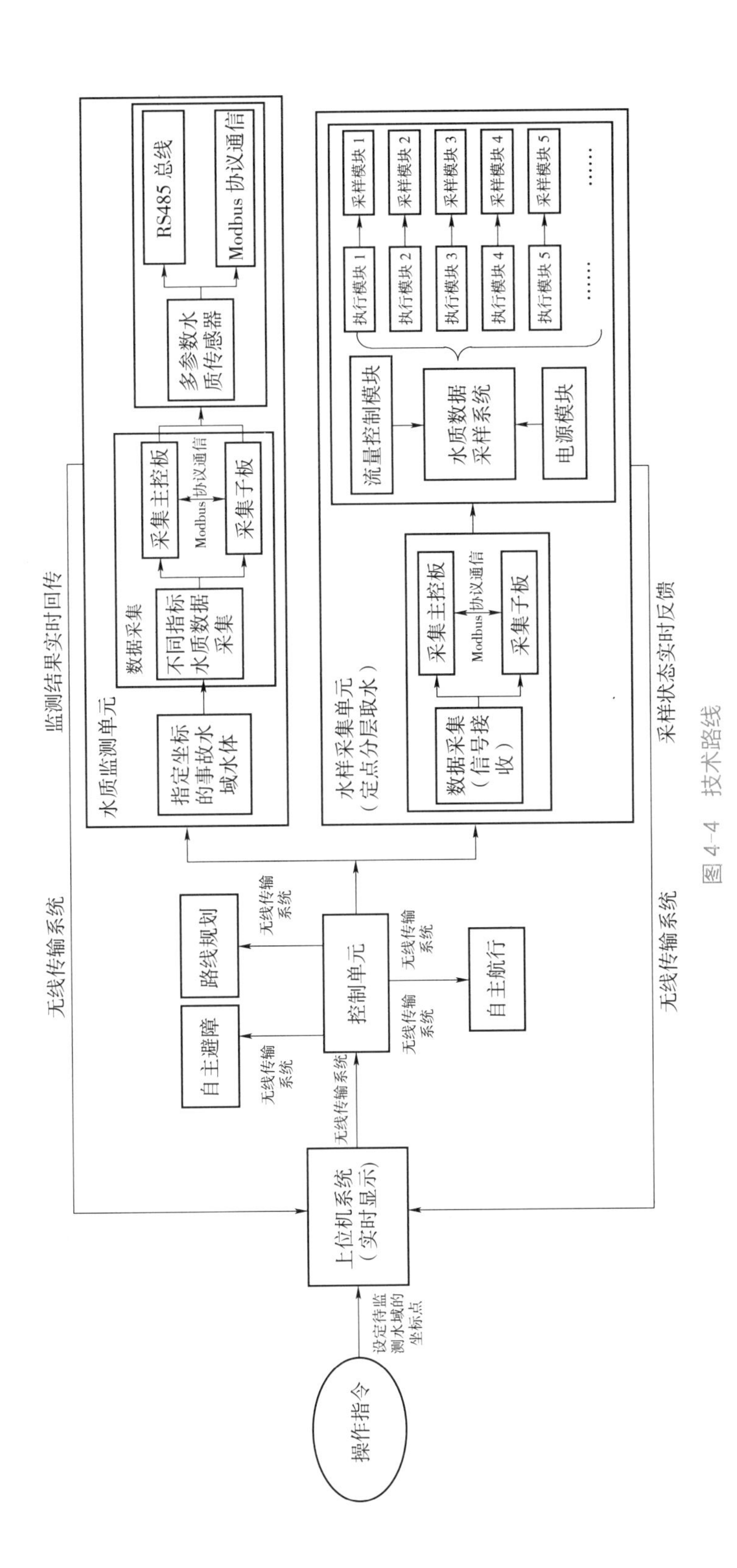
操作指令
设定待监测水域的坐标点
上位机系统（实时显示）
无线传输系统
控制单元
无线传输系统
自主避障
无线传输系统
路线规划
无线传输系统
自主航行
无线传输系统
监测结果实时回传
无线传输系统
采样状态实时反馈
水质监测单元
指定坐标的事故水域水体
数据采集
不同指标水质数据采集
采集主控板
Modbus协议通信
采集子板
多参数水质传感器
RS485 总线
Modbus 协议通信
水样采集单元（定点分层取水）
数据采集（信号接收）
采集主控板
Modbus协议通信
采集子板
流量控制模块
水质数据采样系统
电源模块
执行模块 1
执行模块 2
执行模块 3
执行模块 4
执行模块 5
......
采样模块 1
采样模块 2
采样模块 3
采样模块 4
采样模块 5
......
图 4-4 技术路线

① GPS 定位模块。负责实时获取当前的坐标信息，该设计方案为保证航行地点的准确性，选取了高精度的 GPS 定位模块，并且所选模块的各项参数均满足项目标书的要求。该高精度 GPS 定位模块的具体参数见表 4-1。

表 4-1　GPS 定位模块参数

名称	参数	名称	参数
水平定位精度	2.5 m	速度精度	0.1 m/s
灵敏度	-160 dBm	更新速率	5 Hz
朝向精度	0.1°	朝向重复性	± 0.3°
倾角范围	± 80°	倾角准确度	± 1°（0°～15°）

②电子罗盘模块。其中包括 3 轴陀螺仪、3 轴加速器，3 轴地磁传感器等，可以获取当前速度、角度、俯仰度等姿态信息。将通过电子罗盘模块获取的无人船的姿态信息与 GPS 定位模块获取的当前坐标信息和目标点坐标信息相结合，作为无人船的控制算法的输入项，并利用无人船的控制算法进行解算，输出最优解。该最优解将转化为相应的控制指令，控制无人船的航行方向及航行速度。超声波避障模块利用超声波测距的基本原理，超声波探头持续发送超声波并检测是否有反射波返回。若在探头探测距离范围内存在障碍物，则超声波再碰到障碍物后会被障碍物表面反射，探头可以通过接收反射波所需时间来判断该障碍物与探头的距离，并将该信息反馈给无人船的控制算法，使无人船进行相应的航向调整，以此来躲避障碍物。根据项目投标书中的要求，该超声波避障模块的探测距离为距离船头 10 m。在实际设计方案中，我们在无人船船头左右两边均架设一个超声波避障模块，降低水面波浪对超声波避障模块的干扰，以更加准确地判断障碍物信息，保证无人船的航行安全。

③电机驱动模块。用于控制电子调速器的工作状态，进而控制无人船的推动器的转速与转向。在本次设计中，无人船使用双推动器作为动力系统，利用差速法控制无人船的转向。使用过程中利用控制指令对两个电子调速器输出的 PWM 波形的占空比进行调节，从而达到对两个推动器的转速的控制，由此控制该无人船的航速和航向。根据任务要求，无人船的最大航速应能达到约 12 m/s。电机驱动模块的控制指令是由控制算法求得的最优解得到的。

④通信模块。主要用于无人船控制单元的内部数据通信、指令传递等。该模块主要使用核心芯片内部通信接口，如USART通信接口、I2C通信接口等，属于无人船内部通信系统。

⑤超声波模块。利用超声波穿过各种介质（气体、液体、固体）来检测声阻抗不匹配的物体，进行障碍物的预警。

4.3.4 上位机系统

上位机系统的主要功能为下达控制指令、实时显示无人船的航行与工作状态、实时显示水质传感器监测到的实时数据及实时显示当前监测水域的水面影像。该上位机软件系统使用谷歌的地图源。在自主巡航工作模式下，用户可以在上位机预存水质监测路线，预定水质采样坐标点、水样存储的采样瓶编号及所需水样的容量。在人工控制监测模式下，可以利用上位机实时下达控制指令，包括无人船的前进、转弯，水样采集系统的采水功能等。在上位机界面可以查看无人船所处点的具体GPS坐标信息、当前的电池电量、无人船工作模式，选中坐标点的水质监测数据，水样采集系统的当前状态，以及无人船载高清摄像头回传的水面实时画面信息。

使用开源的0及其跨平台集成开发环境Qt Creator来编写上位机。它专为跨平台C++图形用户界面应用程序开发设计，同样的代码可以在Windows、Linux、Osx甚至Android上进行编译。这样使得程序可以用于各类平台，大大增强了可移植性。同时，它的面向对象是丰富的API以及第三方库，开发效率很高。由于只是C++的封装，它的运行效率也非常高，适合实现复杂算法。此外，在其他的很多GUI工具包中，Widget都会包含一个回调函数用于定义被触发时的动作，对象之间耦合非常严重。在项目较大、组件较多时，这些函数指针极其难以维护，容易引起程序崩溃。而Qt采用独特的“信号－槽”（signal-slot）通信机制，减弱了对象的耦合度。发射（emit）信号的对象无须知道是谁接收它，只用在适当的时间发出信号。而接收者也无须知道信号来自谁，只要在接收到信号时调用对应的槽即可。可以看出，这些设计使得它非常适合异步编程，虽然带来了一些性能损失，但是作为界面，这类性能不敏感的程序是非常合适的。

使用Qt Designer设计，基于Qss简单美化后的界面如图4-5所示，这是一个典型的自动模式下的工作场景。通过右键点击地图即可设置目标点，同时进行路径规划。

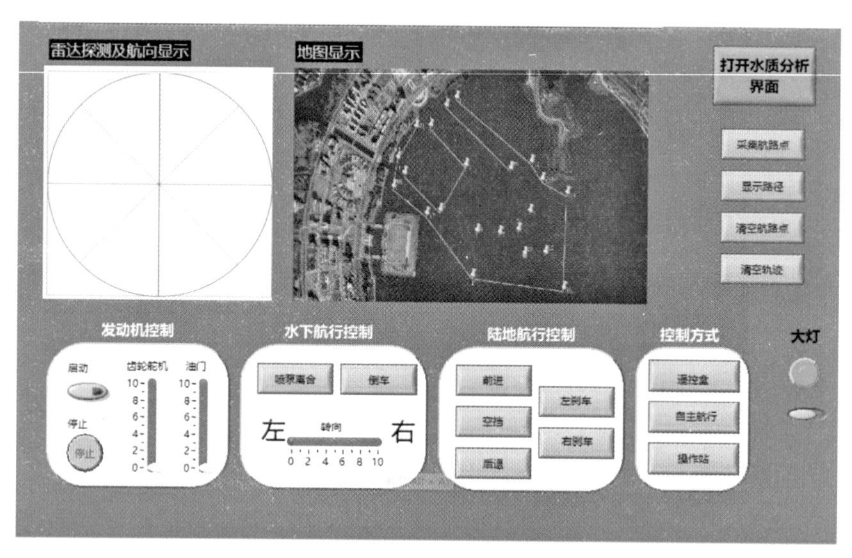

图 4-5　上位机软件界面

左半部分为导航窗口，支持实时载入任何二值图像，并以一定的比例绘制为地图，地图中的黑色部分即障碍物，此后路径规划便是基于这个地图。此外，地图的比例尺和中心点可以调整，在现实应用中，可以先加载区域地图，设置好比例尺和中心点，就能实现实景的显示。地图功能主要使用 QGraphicsView 以及 QGraphicsScene。自航模的当前位置、历史轨迹、设定路径、目标位置、艏向和推力状态等信息都动态地以动画形式直观显示于其中。这些功能主要依靠绘制一些自定义的 QGmphicsltem，并基于 QGraphicsView 的显示实现。

右半部分包括 4 个模块：最上记录了与下位机的重要通信历史；中间是自航模位置，艏向角、船体坐标系下的纵荡、横荡，以及转艏速度等关键信息的实时显示；左下以条状图显示 3 个电机的转速；右下是操作面板，可以切换船舶的工作模式，各个模式下有不同的功能，这些模式切换的同时也会切换面板，达到了某个模式下对其他模式功能的屏蔽效果，例如，手动模式下可以读取键盘指令进行遥控，半自动模式可以设置一系列航迹点使无人船可以逐点进行航迹跟踪，自动模式则增加了路径规划的功能。

4.3.5 4G 无线通信模块

事故现场水质数据的传输需要稳定可靠的网络，采用有线网络将面临传输节点多、布线烦琐、传输速度和稳定性差等诸多不便。本研究采用蜂窝移动网络进行无线通信模块的硬件搭建。与传统的有线通信模式相比，4G 无线通信模块的整个系统数据传输的稳定性得到了提升，并且安装操作方便，降低了系统的成本。同时传输速度又优于 3G 以及 GPRS 等。

无线传输系统的主要功能为指令与数据的传输。在监测、采样、控制器和上位机之间搭建无线传输系统，完成控制器等模块与上位机之间的指令与数据的下达与传输。根据子课题要求，通信距离的测试值在开阔地段应能达到最大 10 km。同时，应尽量避免使用拥挤频段，降低无线电信号干扰造成的误码、丢包等现象。所以，该监测平台主要利用 5.8 GHz 网桥设备，采取点对点无线传输模式，通过自适应算法确立当前的通信频段，并择优选择通信链路，确保通信的安全性、稳定性。

4G 模块整体电路包括 EC20 模块、电源模块、SIM 卡模块、USB 模块、网口通信模块、AR9331 模块等，形成了一个集 Wi-Fi 和有线网口于一体的集成 4G 无线通信模块。

4.3.6 数据采集单元

（1）数据采集单元

①数据采集单元的软件设计

数据采集单元由采集主控板与采集子板组成，采集主控板将采集子板的各类信号传递给上位机端，同时也将上位机的配置命令传递到子板，来控制各类设备的工作。两块板卡均采用基于 ARM 的高性能嵌入式处理器来进行设计，采集子板由模拟量采集电路（AIN）、数字量采集电路（DIN）、数字量输出电路（DOUT）构成，采集主控板不再负责对工业现场的信号进行采集。这就减少了主控制器的计算工作量，提高了 CPU 的工作速度，使整个采集系统硬件的稳定性得到极大提高。这使得本系统设计的数据采集模块具有数据处理速度快、数据吞吐量大、外设接口丰富等优点。

数据板卡之间通过RS485总线的Modbus协议进行通信。Modbus是目前常用的工业产品中主要的通信协议，它支持多种通信接口（RS232、RS485、以太网等），且其协议的数据帧格式简单易懂，便于使用。Modbus的通信方式分别为Modbus-ASCII、Modbus-RTU、Modbus-TCP，同时它采用主从方式的通信模式，即当一个设备作为主机发送信息时，另一个作为从机的设备会有信息返回。Modbus协议定义了简单协议数据单元（PDU）和特定总线或网络上应用数据单元（ADU）。在本数据采集模块中，采用Modbus-RTU通信方式的主从机模式，Modbus主/从机的查询/响应信息数据格式按照协议数据帧的规定来进行传送。

②数据采集单元的硬件设计

1）采集主控板的硬件设计

采集主控板是以德州仪器生产的嵌入式板卡为核心部分进行外围底板电路搭建而成。其内置主频为1 GHz的ARM Cortex-A8处理器，32位RISC的CPU，具有2G的ROM以及512 MB的RAM，带有丰富的外设接口，包括USB接口、以太网口、OTG接口，以及两排由46插针引出的接口，搭载Linux操作系统，便于二次开发。鉴于本课题的实际需求，需要对其进行外围电路的扩展，其核心板卡上有2路的TTL电平转UART的接口、一个以太网接口和一个TTL电平转CAN接口。根据这些接口，我们为其设计一个可拔插的底板电路。

2）采集子板的硬件设计

采集子板是基于STM32F103R8T6芯片设计的，它是ST公司研发的一款常用的增强型的嵌入式芯片，搭载ARM Cortex-M3型CPU，具有满足工业采集要求的主频。并且有丰富的外接接口，便于二次开发。子板的电路设计包括核心单片机模块、8路AIN、8路DIN、8路DOUT、RS485接口电路、JTAG烧写电路、电源模块等。将3类种功能的采集电路集成在一块电路上，充分利用了核心单片机丰富外设资源的优势。

3）采集硬件PCB设计

采集系统工作的稳定性很大程度上取决于硬件PCB的设计，数据采集模块的硬件PCB设计，遵守如下几个原则。

第一，器件局部原则。布局时应该以“模块化”为主，即一个功能的电路应该尽量放在一起，并且要将滤波电容放在器件的旁边，不要距离芯片太远。

第二，电源模块设计原则。电源模块一般放在PCB线路板的边缘，电源线要尽量粗一些，一般为50～1 500 mil，其他的信号线以15 mil为主即可。

第三，铺铜设计原则。主控板的底板要为BB Black提供5V的电源供电，在底板铺铜的时候，要将底板的电源信号与提供给BB Black的电压信号进行分开铺铜，减少电源信号间的相互干扰；子板上AIN采集电路要与其他模块进行分开铺铜，并且将模拟采集部分的“地”信号与子板上其他的“地”信号之间用磁珠或者“0”Ω电阻隔离开，并且分开铺铜。

第四，布线规则。制作的PCB均为双层板。布线的时候，在RS485电路的输出端，A和B设计成差分线模式，并且将输入端与输出端分开铺铜，在一个平面上的信号线采取平行的方式，这样布线时能够尽量避免交叉造成的打孔过多，影响信号的稳定性的情况。

（2）水样采集单元

水样采集单元又可称为水质采样系统，该系统可以方便用户随时采集待测水质水源的水样。其根本目的在于通过智能水质监测技术的自主控制实现水样采集，从而降低水样采集的人力成本，提高工作人员的人身安全及工作效率。该监测技术需要有独立的采样通道，采集的水样可以存储在指定的采样瓶中。在水样的采集过程中不仅可以规定采集水样的水量，同时也可以等比例混合采样。

①整体设计方案

该水质采样系统的工作流程包括以下几部分。首先在上位机控制软件上设定待采样的水域坐标点、需采集的水样容量及水样存储的采样瓶标号。相关控制指令通过上无线传输系统下达到控制单元。然后控制单元控制水泵对应的电子调速器，使其工作同时控制水质采样系统的选通对应采样瓶的采样通道，使与其对应的执行模块工作，进行水样采集，并通过流量控制模块对采集水样容量进行监控。当所采集水样容量达到预设的目标时，水质采样工作停止，并将当前采样状态反馈给上位机，在上位机显示对应采样瓶的当前状态。根据任务要求，可搭载24个水质采样瓶。船型采用单体宽体船型，即满足水上航行稳定性的要求（图4-6）。

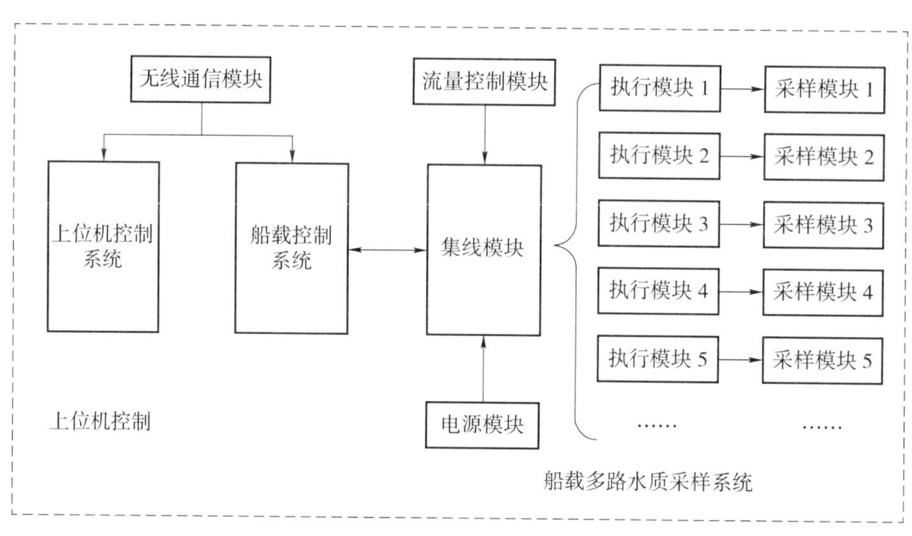

图 4-6　水质采样系统的工作原理

②硬件实现

为实现该水质采样系统的智能化，我们需要设计采水控制系统的硬件电路。该硬件电路的主要工作原理是通过接收上位机发送的采水控制指令，改变 STM32 核心板上 3 位 I/O 口的高低电平信号，通过高低电平信号控制 3/8 译码器的输出，选择对应的管脚输出，被选中的管脚对应的开关电路将输出 12 V 电压，从而使得该管脚对应的采样水瓶所在通路的电磁止水阀工作，管路导通，使得采集的水样可以进入采样水瓶中。因此，该硬件控制电路包括数字电路和开关控制电路，数字电路用于接收上位机控制指令并将该控制指令传输至开关控制电路，开关控制电路与电磁止水阀相连接，数字电路的接地与开关控制电路的接地之间连接有稳压电源电路。

③开关控制电路

因为水质采样系统拥有左、右两条采水通路，所以在设计硬件控制电路时也区分了左、右两侧。在该硬件电路设计中，我们采用 74HC238 译码器及 C3150 大功率三极管和 100 Ω 的电阻，组成对采样瓶进行选择的开关控制电路。图 4-7 和图 4-8 分别为控制开关的原理图和实物图。

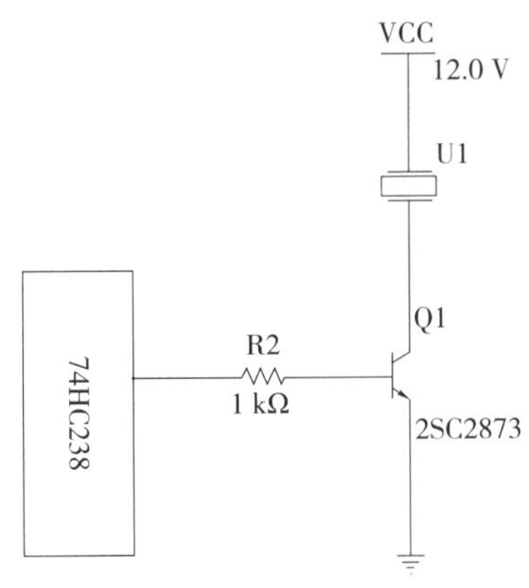

图 4-7 控制开关的原理

图 4-8 控制开关的实物

从图 4-7 中可以看出，将电磁止水阀串联接到三极管的集电极并与 12 V 正极相连，基极串联 100 Ω 的保护电阻并与 74HC238 的输出管脚相连。当该输出管脚被选中时，输出高电平，从而使得三极管与电磁止水阀形成通路，使得电磁止水阀两端电压达到 12 V 工作电压，由此，选择该电磁止水阀。该设计的好处是利用数字芯片高电平输出进行控制，消减电路噪声的干扰，增加了控制电路的稳定性。

④稳压电路

在该硬件控制电路中，存在着数字电路与模拟电路共存的现象。74HC238 芯片属于数字电路，C3150 大功率三极管开关电路属于模拟电路，为了使控制电路拥有稳定的工作状态，减少模拟电路与数字电路之间的干扰，需要在数字地与模拟地之间加一个稳压电路：将一对反向二极管和一个电阻并联接入二者之间。将模拟地与数字地之间的差异转换成这对反向二极管两端的电压。在本次硬件电路设计中，选用稳压二极管 1N5822 和 100 Ω 电阻。

4.3.7 水质监测单元

水质监测单元的主要功能是利用水质监测传感器，对待测水域的水质参数进行监测，并将结果通过数据传输系统上传至上位机，实时显示。水质监测单元所选用的传感器包括 pH、DO、温度、电导率、全盐量、叶绿素 a 以及藻类等主流在线监测参数。

（1）水质传感器模块

多参数水质在线分析仪采用一个主体多个小传感器的方式实时连续自动测量。每支传感器带有防水连接器，校准数据存储在传感器内，可现场校准和替换。单个主体可以拥有多支传感器，参数包括 pH、电导率、DO、温度、浊度、叶绿素、藻类、COD。

1）水质传感器主要参数情况

①主要参数

各传感器基本技术指标如下：

荧光法溶解氧探头，采用荧光法，0～20 mg/L 或 0～200% 饱和度；

浊度探头，量程 0～1 000 NTU；

电导率探头，量程 1 μS/cm～200 mS/cm 或 1 μS/cm～100 mS/cm；

叶绿素探头，采用荧光法测量，量程 0～400 μg/L 或 0～100 RF；

pH 探头，采用玻璃电极法，量程 0～14、精度 ±0.1；

氨氮探头，采用离子电极法，量程 0～1 000 mg/L；

COD 采用 UV 紫外吸收法，为单独传感器，根据水样校准，可灵活测量不同范围 COD，无需试剂，无污染，更经济环保。

2）功能特点

多参数分析仪配备自动清洁装置，可消除气泡，有效地清除传感器表面沾污，防止微生物生长，满足河流、湖泊、海洋及地下水等多种水环境监测需求，具有良好的可靠性，可在无人值守的环境中运行数月而无需维护。

3）与其他节点通信

多参数分析仪采用标准 ModbusRS485 输出，配单机软件，所有测量数据可通过信号线同时获取。每支探头带有防水接头，可方便插拔替换，必要时方便维护。

设备通信举例如下。

数据读取：发 01 03 26 01 00 10 1E 8E

返回：01 03 20 E3 CD D3 40 28 4C 5A 40 00 00 00 00 C6 87 FF 40 10 FB 85 41 00 00 00 00 4C 06 CF 40 00 00 00 00 A2 E0

数据解析见表 4-2。

表 4-2 数据解析

字节	参数	Hex 数据	浮点型数据
3～6	DO	E3 CD D3 40	6.61 888
7～10	浊度	28 4C 5A 40	3.4 109
11～14	电导率	00 00 00 00	—
15～18	pH	C6 87 FF 40	7.98 532
19～22	水温	10 FB 85 41	16.7 476
23～26	氧化还原电位	—	—
27～30	叶绿素	4C 06 CF 40	6.46 952
31～34	藻密度	00 00 00 00	0.00

注：设备采用 Modbus-RTU RS485 接口，便于与各类 PLC、触摸屏等控制系统进行通信。

② RS485 总线

水质传感器测到的水质参数需要通过控制单元和无线传输单元上传到上位机界面，并能显示在对应显示栏中。为实现以上功能，需要搭建一个水质监测传感器数据采集板，并且通过传感器的数据通信协议获取监测数据。因传感器采用 RS485 通信模式，所以在监测系统内搭建了 RS495 总线网络。

RS485 是隶属于 OSI 模型物理层的电气特性为二线制的半双工多点通信协议。RS485 总线技术广泛应用在工业数据采集领域，因其结构简单、造价低廉、技术成熟又便于维护。该通信方式具有传输距离远、传输速度快、抗干扰性强的特点。RS485 总线网络可以采用一个主设备带多个从设备的通信模式。

在搭建总线网络时，需将各个传感器的相同颜色的信号线依次连接，最终形成 6 根颜色不同的信号总线。其中灰色信号线即为该总线系统的输入端 A；黄色信号线即为该总线系统的输入端 B；红色信号为传感器的电源输入线即 12 V 正极；蓝色信号线、黑色信号线与棕色信号线均应接地。为保证水质监测系统的防水性，传感器信号线均以航天接口作为接口，接到数据采集板上。为实现传感器的数据采集并上传至控制单元，我们采用 485 转 232 模块实现控制单元与 RS485 总线系统的相互通信。

③ Modbus 通信协议

因 RS485 通过电缆线两端的电压差来传递信息，并没有规定任何通信协议，所以在使用 RS485 总线进行通信时，需要选择数据的通信协议。根据传感器的使用说明，在本方案中我们将采用 Modbus 通信协议。Modbus 是 MODICON 公司最先使用的一种通信协议，之后在业界被广泛使用，目前已经成为一种应用于工业控制器上的标准通信协议。

我们分别给 7 个传感器设定地址位，主设备是控制单元，从设备是这 7 个水质监测传感器。为了能够直接获取相应传感器的监测数据，我们在具体使用时，直接向 485 总线发送读取数据的控制指令。根据地址位对应的传感器将数据传回控制单元，再通过对数据位进行相应的转换，得到传感器所测数据。在实验室将各个传感器组成 485 总线网络，并通过 485 转 232 模块与电脑相连接。通过 Modbus 调试助手，设定各个传感器的地址、量程选择等信息。其次再将该总线网络接入控制单元，并将 7 个传感器放入自来水中进行水质监测，在上位机得到监测数据。

（2）水质监测工作流程

该水质监测系统的工作流程如图 4-9 所示。

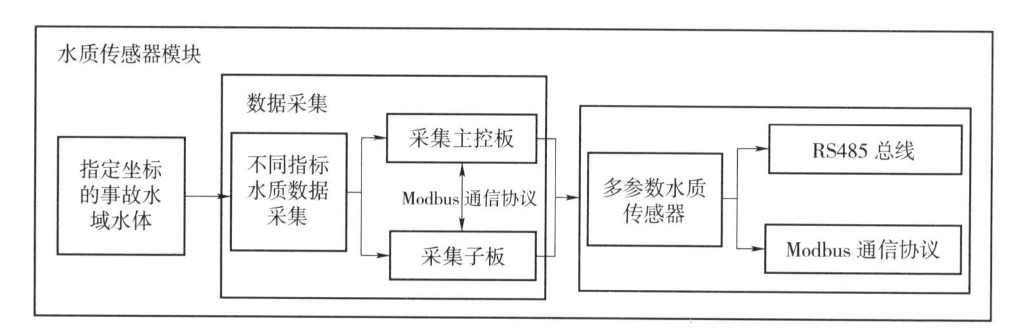

图 4-9　水质监测模块工作流程

首先在上位机控制软件上设定待监测水域的坐标点，水质监测控制指令通过上位机与无人船间的无线传输系统下达到无人船控制单元。然后无人船控制单元通过水质监测系统采集各个水质监测传感器的实时监测结果，并将监测结果实时上传至上位机系统，并在上位机软件界面上显示。

将数据采集模块监测数据接入监测数据采编系统，决策人员可根据监测信息建立事件跟踪记录，实现环境监视监管的空地一体化目标。通过监测数据管理子系统对接收的数据进行编辑、整合，为环境内网用户提供监视、监测等数据综合服务。具体内容如下：

①水域监测情况实时显示决策人员实时观看接收到的视频。

②监测事件管理模块。用户可创建监测事件，对监测过程中发现的水污染事故、突发事件源定位信息等情况进行记录和监测，并进行数据关联，为环境执法、应急处置等提供依据。

③视频监测数据管理模块。决策人员检索到历史监测视频后，可以观看指定历史监测视频，浏览历史监测航行轨迹。

④水质监测数据管理模块。用户能够检索到指定时间、地点的所有历史水质监测数据，可以导出监测报告。用户查看监测报告时，可在海图中查看监测位置。

⑤历史航迹管理模块。决策人员可查询和浏览历史航行轨迹，在查看航行轨迹的同时可选择查询相应的视频、水质、溢油、空间信息等监测数据。

⑥航行计划管理模块。决策人员需要监视监测时，先进行航行任务申请操作，包括任务时间、计划监测区域，提交主管人员审核，审核通过后按照审批反馈的航行时间、监测区域执行监测任务。

⑦数据分析和统计模块。决策人员可以依托电子海图进行空间数据分析，显示指定时间段内及显示区域内的所有视频历史数据、水质监测数据、溢油监测数据。

⑧系统管理。本模块包括用户管理、权限管理等功能。

4.3.8 分层采样功能

分层自动水质采样器的设计思路源于污染源在线自动取样的环保监测仪器。设备管径大、流速快，可有效避免管路堵塞。在高性能工业级 PLC 控制器的控制下，可根据用户需要任意设定采样方式、采样时间间隔、采样量及存储位置。它也可与在线自动监测仪器同步采样，用于与在线自动监测仪器的测试结果做比对实验。与在线自动监测仪器联机可实现超标留样，并可实现远程无线控制，根据需要随机发出采样指令，从而获得最真实有效的水样。它是提高工作效率、减轻劳动负担、保障监测数据准确性和有效性的必备仪器之一。

（1）功能和参数

①主要功能

1）样品采集系统：泵、样品容器等部件，均不可采用金属部件，避免对水样造成重金属污染，且采集系统应便于冲洗保养；

2）样品容器：每个样品容器体积为 1 L；每组次采样瓶数为 24 瓶；船体可携带样品容器数量不小于 10 个组次；每个组次至少满足 8 个站位的采样要求；

3）精确分层采样：应具备 50 m 水深以内，使用传感器控制，精确分层采样功能，任意一个站位可以采集任意水深样品；

4）外壳防护等级 IP67；

5）工作温度 -10～60℃（电气元件按照 -20℃选择）。

②主要参数

1）采样深度 0～50 m（可任意点采样）；

2）采样量为 24 × 1 L；

3）工作环境温度：-20～60℃；

4）电源 DC24V、AC380；

5）外形尺寸：500 mm × 560 mm × 960 mm（长 × 宽 × 高）（不含伺服卷管架）

6）设备重量：110 kg（含采样箱底部滑道）。

③材料及结构

1）结构材料：采样泵、采样瓶、采样管、采样泵口及阀件采用聚四氟材料；

2）金属材料：不锈钢 316 L；

3）上下外壳分别采用不锈钢焊接成型；

4）底部滑道、伺服卷管架：结构采用碳钢喷涂。

（2）系统组成

定点分层采样器由安装支架、采样泵组件、采样箱、底部采样箱快速更换滑道、伺服卷管架、采样管系、数据采集系统及控制系统组成。

安装支架：安装支架将采样泵组件及采样箱、底部采样箱快速更换滑道连接成上下结构，形成采样器本体部分，安装支架由安装架及电磁铁组成。

采样泵组：采样泵组由采样泵及采样分配器组成，采样泵使用大吸程电动隔膜泵计量泵。满足取水面以下 50 m 水深的要求，同时需要满足 20 s 内取 1 L 水的流量要求，泵体采用非金属材质；采样分配器利用伺服舵机按照既定程序将水样分配到采样箱的 24 个采样瓶中。

底部采样箱快速更换滑道：底部采样箱快速更换滑道主要用于快速更滑采样箱的装置；开始工作时需人工将采样箱放在快速更换滑道上，通过滑道传输带将采样箱传输至安装支架底部（采样泵组）下放。通过采样箱及安装支架上的电磁铁对采样箱精确定位。采样结束时支架电磁铁失去电，滑道反转将采样箱传输至更滑区。

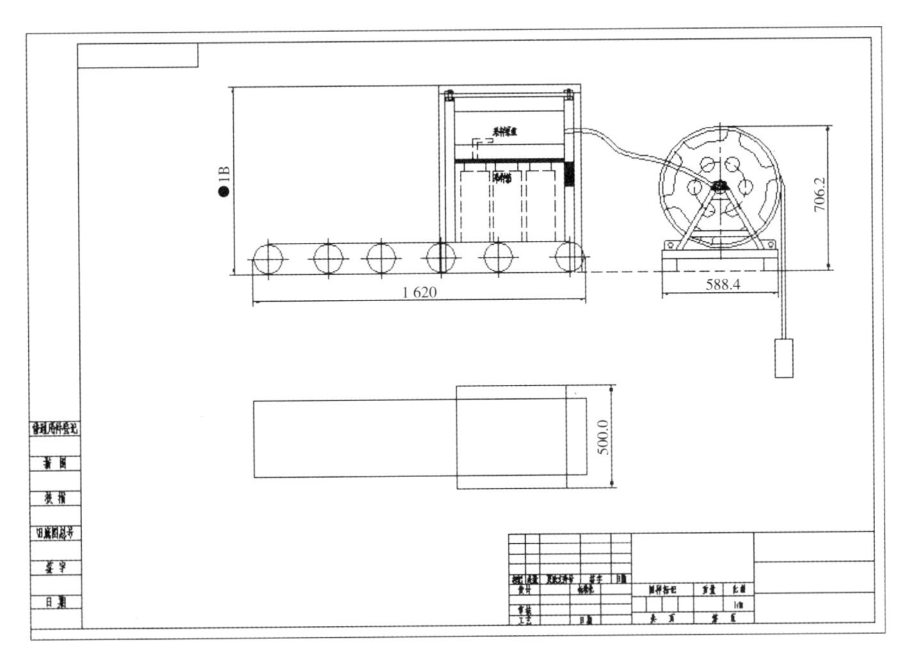

图 4-10 结构示意图

伺服卷管架：伺服卷管架用于采样管的布放与回收，卷管架由卷轴及含减速机电机组成，卷轴满足 50 m 管长度要求；含减速机电机满足克服水流阻力将采样管回收及布放的要求。

采样管系：采样管系是采样组合缠绕管线线组，包括水下测深探头电线、吊锤拉力绳和吸水管组成，采用缠绕管将 3 种管线缠绕成一根管线组；吊锤拉力绳采用 ϕ10 杜邦丝高强度牵引绳，牵引绳的强度满足 1 t 的拉力要求；吸水管采用热塑性橡胶（TPE）软管，内嵌不锈钢丝螺旋加强，外径 22 mm，内径 16 mm，弯曲半径 30 mm。

数据采集系统：数据采集系统主要采集艇位置（经纬度）、采样时间、采样深度等信息。该系统安装在电控柜中。

控制系统：通过既定的程序控制采样泵、伺服卷管架等。

（3）采样器控制原理

采样方式为定点分层精确采样。船规划航线到达采样点后，通过单波束探测仪探测到采样点的水深参数，通过控制系统中 PLC 采集到水深参数后，选定程序中的采样点数量及对应的采样水深等参数，同时控制伺服卷管架动作。水深压力传感器传送采样深度，当到达采样程序中设定的水深参数时，采样泵按照既定程序开始采样作业。其工作流程如图 4-11 所示。

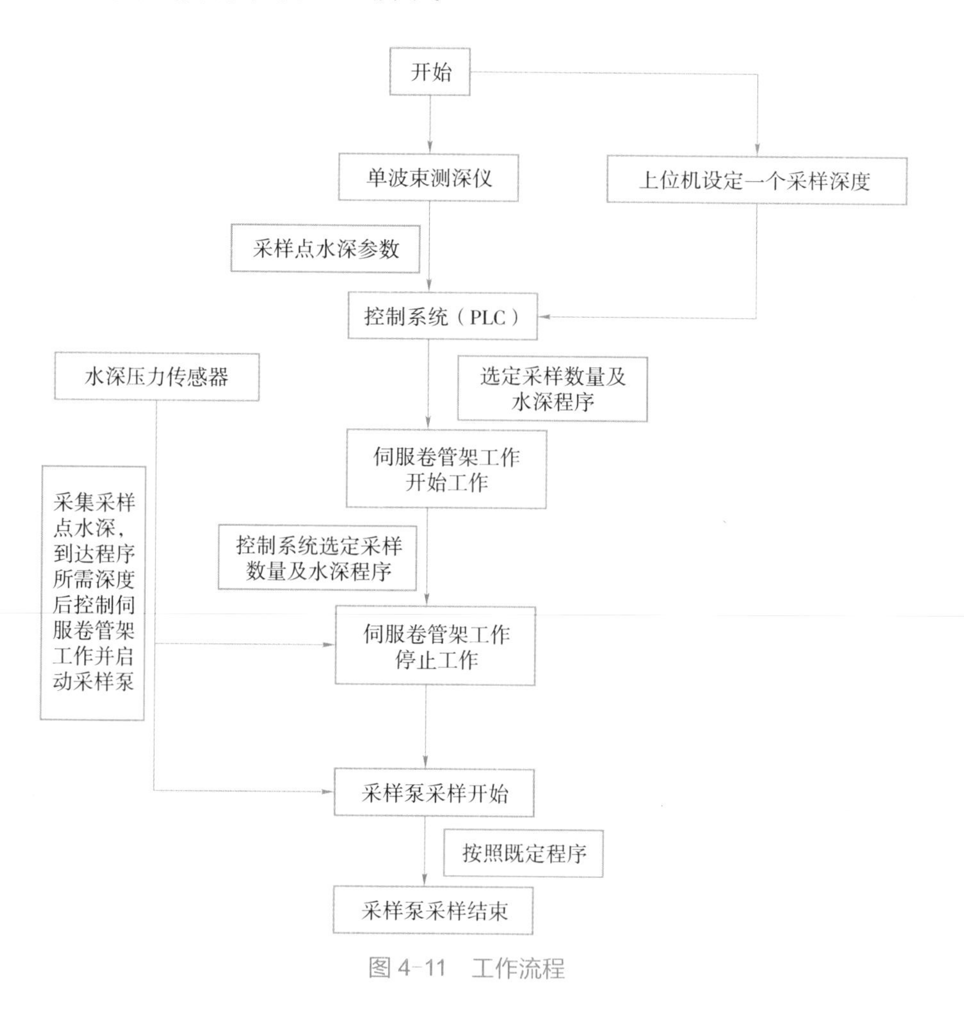

图 4-11 工作流程

4.3.9 自主航行功能

自主航行功能，即船舶航行过程中，根据制定好的航线及各个航路点，由航向和航速控制器实时送出船舶给定航向和航速，使得船舶能够按照预定航线高速航行，并在航行过程中实时采集周围障碍物信息实现自主避障，最终到达目的地。

（1）自主航行控制单元方案设计

在采样监测工作中，按照制订好的巡航计划，输入计划航线各个采样点坐标，使无人船能够在一定的航速范围内按照规划的航线安全到达指定地点，执行采样监测任务。自主航行控制单元如图 4-12 所示。

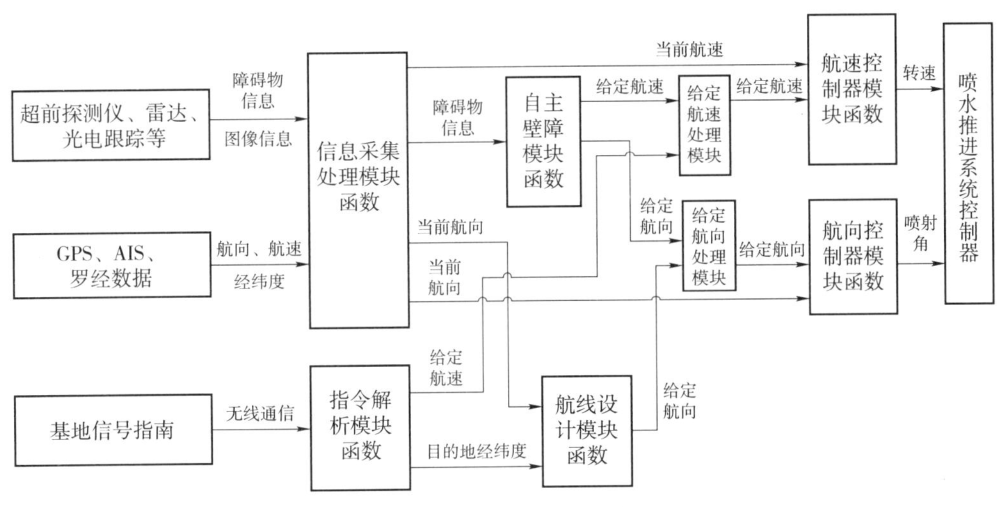

图 4-12　自主航行控制单元

自主航行工作过程分为以下 4 部分。

①船舶在巡航时，按照计划航线输入各个航路点，送给航线设计模块；船舶处于搜救状态时，岸端控制中心通过无线通信网络将目的地位置信息发送给无人船，无人船的航线设计模块根据电子海图及最优路径规划原则设计出出发地至目的地的各个航线节点及转向关键点。

②由信息采集处理模块实时采集船位信息，航向控制器模块将给定航向与当前航向进行比较，计算出当前航向偏差，采用 PID 控制及其他智能控制算法，给出合适的喷射角度，输出给喷水推进系统控制器。

③由信息采集处理模块实时采集船速信息，航速控制器模块根据给定船速与当前船速进行比较，计算出合适的主机转速，输出至喷水推进系统控制器。

④由信息采集处理模块实时采集超前探测仪、雷达、AIS 等传感器信息，将得到的障碍物距离方位信息送到自主避障模块函数，运用智能避障算法输出给定船速及航向，分别送至对应的给定航向处理模块和给定航速控制模块，经综合处理后得

到给定航向和航速，最后送至航向控制模块和航速控制模块。

（2）路径规划

路径规划是无人监测技术研究中较为关键的问题之一。路径规划是指在确保自身安全以及顺利到达目的地的前提下，在最短的时间内找到一条从起点到终点的最短且无碰撞的最优路径。它是衡量智能无人监测技术是否高效、可靠的重要标准。

对无人采样监测技术路径规划问题的研究主要集中在以下 3 个方面：第一是环境建模，即将实际的环境空间进行抽象后建立相应的空间模型，主要就是对空间中障碍物的描述；第二是路径的搜索与优化，当环境空间模型建立好后采用合适的搜索方法在模型中寻找路径并对这条路径进行相应的优化，现在通常采用智能算法进行路径的优化，确保能从起始位置到达预定目标位置；第三就是顺利绕开环境中障碍物，在完成上述两项问题的前提下，实现路径最优化。

根据无人船对环境信息的处理能力，进行全局路径规划（蚁群算法）和局部路径规划（人工势场法），针对传统蚁群算法存在的缺陷，提出了一种改进的人工势场蚁群算法。该算法对信息素浓度更新规则以及启发信息函数进行了改进，并引入了最大 / 最小蚁群系统，能有效地缩小搜索最优路径的范围的同时，防止“早熟”现象的发生。另外，在启发信息函数中加入了人工势场法的控制因素，可以有效地减小传统蚁群算法在搜索初期存在的盲目性，从而加快算法的收敛速度。

（3）自主避障

自主避障，是指通过 GPS、自动雷达标绘仪、超前探测仪等设备，在两船会遇或前方有障碍物时能够发出报警信息并给出合适的避障策略，实现船舶的自主避障。避障系统可以分为七大模块：毫米波雷达模块、单目视觉模块、采集与传输模块、飞行参数模块、信息融合处理模块、遥控接收模块、控制模块（图 4-13）。

其中毫米波雷达模块用于发射和接收毫米波，并输出差拍信号；单目视觉模块用于拍摄障碍物的视觉图像；采集与传输模块用于采集毫米波雷达模块输出的差拍信号，并把信号传输给信息融合处理模块；飞行参数测量模块用于获取当前船舶所在位置；信息融合处理模块用于把雷达测距与单目视觉测角信息融合起来，做障碍物的三维定位和障碍物平面分布图；遥控接收模块用于接收并解码遥控发来的控制信号；控制模块是在信息融合处理模块计算完毕后，向无人船发出动作控制信号。

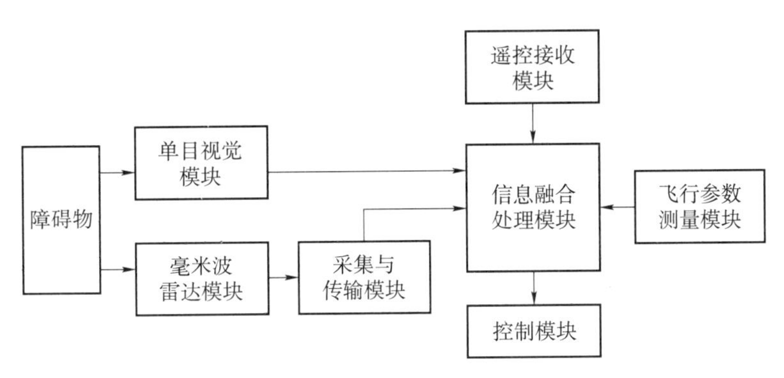

图 4-13　自主避障系统结构

避障系统运行过程为：自主避障系统在开机后先做初始化工作，初始化完毕后进入自主航行状态。毫米波雷达模块实时检测障碍物的距离，在距离大于设定值时系统不做反应，只有当距离小于设定值时，启动单目视觉模块采集视觉图像；信息融合处理模块先对雷达信息和单目视觉信息做融合处理，获得障碍物的三维立体信息，之后转为二维平面分布；最后在无人船行驶中根据障碍物的平面分布实现避障。

4.4　移动式多功能水质取样监测平台

目前，水质监测的主要方式是通过在被监测水域中建立监测点来完成。然而由于这种水质监测系统的各个监测点位置固定，且监测范围受限。若设法使整个水域范围被覆盖，必须保证固定监测点的安装达到一定数量。另外，由于必须安装各种水质监测传感器，致使建立一个固定监测点价格昂贵，极大地增加了成本。对于无固定水质监测点的水域，对水质进行监测时需要工作人员现场采样或使用移动水质监测平台进行采样，对于较大范围的水质监测，采样的工作量也会增大，这样做无疑增加了人力、物力的投入。此外，有些水质污染源具有放射性等有毒物质，对采用人工监测的方式的工作人员人身健康带来危险。另外，为了能及时掌握水质信息，要保证数据的实时性，但人工监测的方法监测周期长，数据缺乏实时性。

随着导航技术的发展，水环境作业无人化产品开始逐渐普及，如无人机、水下机器人、水面无人船等。无人船可以替代传统的人工实现对水质、水文的灵活监测与探测，降低了工作人员的危险系数，提高了水利部门及相关行业的工作效率，使得对小区水域的实时快速探测成为可能。

风险水域多功能安全监测技术现已成功应用于风险水域移动式水陆两栖全自动取样监测设备，适用于地物环境特征复杂的污染事故区域，实现了滨海工业带危险事故水域自动采样和监测的目标。

4.4.1 风险水域全自动取样监测设备概述

环境突发事件最主要的特点就是突发性、非正常性，在时间、地点、排放方式、途径、污染物种类、数量、浓度等方面难以预计，对环境造成严重的污染和破坏，给人民生命财产造成重大损失。突发水环境事件应急监测是水环境事件应急处置中的首要环节，是及时、正确地对突发水环境事件进行处理，制定减轻环境危害及恢复措施的根本依据。通过它可以及时掌握水环境受污染状况，为事件的应急处置管理提供决策参考。

为解决滨海工业带普遍存在的事故条件下危险水域样品采集危险性高、难度大的现实问题，“十三五”水专项“天津滨海工业带废水污染控制与生态修复综合示范”项目之“水环境风险应急监管体系与应急设备研发与示范”课题之“事故危险水域现场水质采样及监测技术研究及相关设备研发”（2017ZX07107-005-01）子课题，以提升滨海工业带危险水域的应急监测能力为核心，拟通过研发与集成上位机系统、无线通信模块、数据采集单元、水质监测单元、传感器模块、分层采样、自主航行、路径规划、自主避障等技术模块，形成适合危险区域的水陆两栖无人取样及监测技术。以期破解在复杂条件下，环境事故突发现场的远距离水质监测取样瓶颈，最大限度地避免监测人员在有毒有害区域作业过程中的身体接触，并有效确保监测数据的代表性与准确性。

研究通过整合水质监测单元、水样采集单元、4G 无线通信模块、上位机系统、控制单元、路线规划、自主避障、定点分层采样等功能，形成了风险水域多功能安全监测技术。该技术集成了水陆两栖、在线监测与水 / 泥样品采集功能，解决了在复杂与有害事故环境下难以进行水质采样及监测的难题，避免了监测人员在有毒有害区域作业过程中的身体接触，在功能整合上具有一定的创新性。

风险水域多功能安全监测技术现已成功应用于风险水域移动式水陆两栖全自动

取样监测设备，该设备能够同时满足陆地及滩涂泥泞环境下正常行驶，可以在强酸、强碱以及高盐条件下正常作业。该设备在2019年8月29日成功应用于由北京、天津、河北三地生态环境应急部门在天津市宝坻区潮白新河流域组织的2019年京津冀突发水环境事件联合应急演练中，有力地支撑了突发水环境事件过程中应急采样监测任务的完成，为跨界水污染突发事件的妥善处置奠定了坚实基础。

对于风险水域多功能安全监测技术及风险水域移动式水陆两栖全自动取样监测设备的推广应用，验证了课题成果对环境突发应急事件进行应急取样监测的能力，有效地支撑了京津冀应急监测能力。

4.4.2 设备原理

水陆两栖移动式无人取样监测技术整合了上位机系统、无线通信模块、数据采集单元、水质监测单元、传感器模块、分层采样技术、自主航行技术、路径规划技术、自主避障技术等系统。具体技术路线如图4-14所示。

4.4.3 行走机构

基于上述文献调研及实地调研，对水陆两栖船的行走机构等情况进行了比选，情况如下。

（1）轮式

轮式机械行驶系统（图4-15）由于采用了弹性较好的充气橡胶轮胎以及悬挂装置，因此具有良好的缓冲、减震性能；而且行驶阻力小，故轮式机械行驶速度高，机动性好。尤其随着轮胎性能的提高以及超宽基、超低压轮胎的应用，使得轮式机械的通过性能和牵引力都比过去有了较大的提高。

与履带式行驶系相比，轮式机械行驶系的主要缺点是附着力小，通过性能较差。

适应环境：陆地行驶速度快，通过性较好，爬坡能力较差，主要用于登浅滩环境。

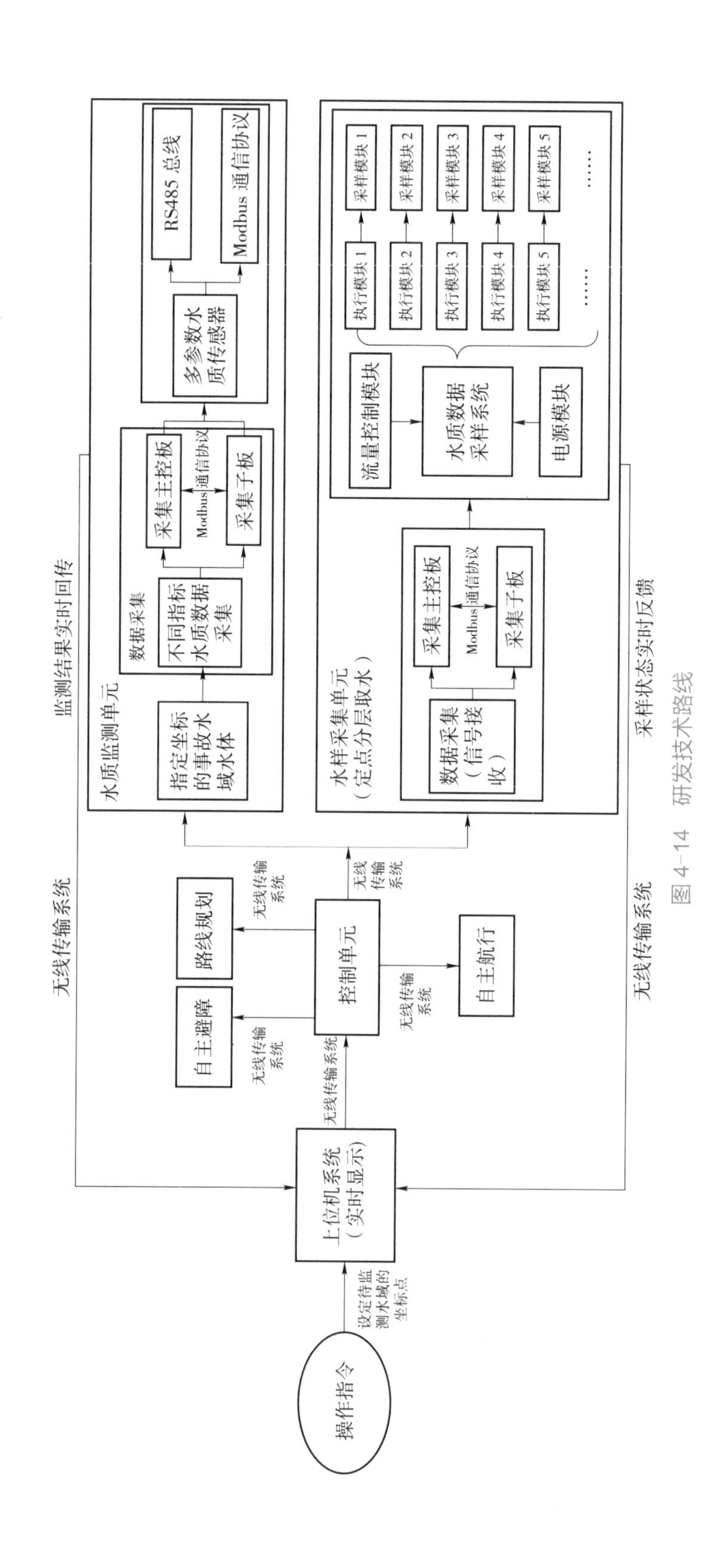
操作指令
设定待监测水域的坐标点
上位机系统（实时显示）
无线传输系统
控制单元
自主避障
路线规划
自主航行
无线传输系统
监测结果实时回传
采样状态实时反馈
水质监测单元
指定坐标的事故水域水体
数据采集
不同指标水质数据采集
采集主控板
Modbus通信协议
采集子板
多参数水质传感器
RS485 总线
Modbus 通信协议
水样采集单元（定点分层取水）
数据采集（信号接收）
采集主控板
Modbus通信协议
采集子板
流量控制模块
水质数据采样系统
电源模块
执行模块 1
执行模块 2
执行模块 3
执行模块 4
执行模块 5
采样模块 1
采样模块 2
采样模块 3
采样模块 4
采样模块 5

图 4-14　研发技术路线

图 4-15　轮式船艇

（2）履带式

与轮式机械行驶系统相比，履带式行驶系统（图 4-16）的支承面大，接地比压小，一般在 0.05 MPa 左右，所以在松软土壤上的下陷深度不大，滚动阻力小，而且大多数履带板上都有履齿，可以深入土内。因此它比轮式机械行驶系的牵引性能和通过性能好。

履带式行驶系的结构复杂，质量大，而且没有像轮胎那样的缓冲作用，易使零部件磨损，所以它的机动性差，一般行驶速度较低，并且易损坏路面，机械转移作业场地困难。

图 4-16　履带式船艇

适应环境：陆地行驶速度较慢，通过性较好，爬坡能力很好，特别适应废墟环境。

（3）螺旋滚筒式

螺旋推进是一种适合在河海滩涂、沼泽、雪地等软土地面行驶的水陆两栖行走机构（图 4-17）。其接地压力小，推动力大，通过性能强。它采用螺旋推进器作为行走机构，通过改变左右滚筒不同的旋转方向实现不同方式的前进。在流体、半流体地面，螺旋滚筒可以起到浮筒作用，能有效降低接地比压力。采用螺旋推进器作为行走机构的车辆接地比压非常低，仅次于气垫运载工具，是一种在冰雪、滩涂和水上行驶的理想驱动形式。

图 4-17　螺旋滚筒式船艇

适应环境：陆地行驶速度较慢，功率需求大，通过性较好，爬坡能力很好。陆地适应性差，主要适用于水面、冰面、滩涂环境。

4.4.4　艇型和结构

（1）主要设计依据

《沿海小船入级与建造规范》（中国船级社，2005）；

《舰用小艇规范》GJB 4585—1992（GJBZ 20070—1992）；

《水质自动采样器技术要求及检测方法》（HJ/T 372—2007）；

《智能船舶规范》（中国船级社，2015）；

《船舶生产设计》（中国人民交通出版社，2013）；

《绿色船舶规范》（中国船级社，2012）；

《材料与焊接规范》（中国船级社，2012）。

（2）功能定位

①主要用途。

针对污染事故水域的快速取样及监测技术，能够满足风险事故区极端条件下的环境监测需求，在移动性上可以实现水陆两栖环境下的快速反应以及监测数据和环境影像的稳定传输，进而解决污染事故区域的陆域屏障，有效保障监测人员的人身安全，并提高监测取样效率，满足污染事故区域复杂的地物环境特征要求。

②功能需求。

船型及其结构选择需支撑船体自身在陆地及水体行走过的全过程需求，船体在陆地行走中需实现一定越障功能，在船体总体平稳的前提下可翻越陆地上的细微沟渠并可在相对泥泞路面上实现无障碍行走；船体结构需要满足一定的流线型要求，以确保其满载静水最大速度需不低于 6 海里 /h；舱内需留有较大空载空间，以确保单次作业最少 24 L 的水样采集以及泥样采集。

（3）船型主要结构参数

总长 × 总宽 × 总高为：约 4 600 mm × 2 100 mm × 2 400 mm；

空载重量约为：1 520 kg；

满载重量约为：2 500 kg；

满载吃水约为：350 mm；

静水航速：6 海里 /h（水中航速最大速度）；

行走速度：12 km/h（陆地行走最大速度）；

最大作业半径：7 km；

导航模式：遥控及自主航行；

结构材料：复合材料高强度部位采用高强度铝合金材料；

定点分层水质采样数量：24 瓶；最大采样深度 1 020 m；

采样瓶容积：24 × 1 000 mL/ 瓶；

采样方式：按既定程序定时采样 / 遥控器控制定点采样，同时具有自动采泥功能。

（4）定点分层采水样设备基本结构

①组件基本需求及功能实现。

根据项目实际需求，自动水质采样器需实现原位悬停定深采水的功能需求，其设备在设计上需满足采样顺时流速，管径设计需不低于 20 mm，避免因管路堵塞造成的采样事故；在采样自控方面需满足用户需要任意设定采样方式、采样时间间隔以及采样量及存储位置的任务需求，其采样自控精度需达到工业级水平，研究建议选择工业级 PLC 控制器作为定点分层采水的自控保障设备（图 4-18），它可与在自动线监测仪器同步采样，用于与在线监测仪器的测试结果做比对实验，与在线监测仪器联机可实现超标留样，并可实现远程无线控制，根据需要随机发出采样指令，从而获得最真实有效的水样，初设效果如图 4-19 所示。

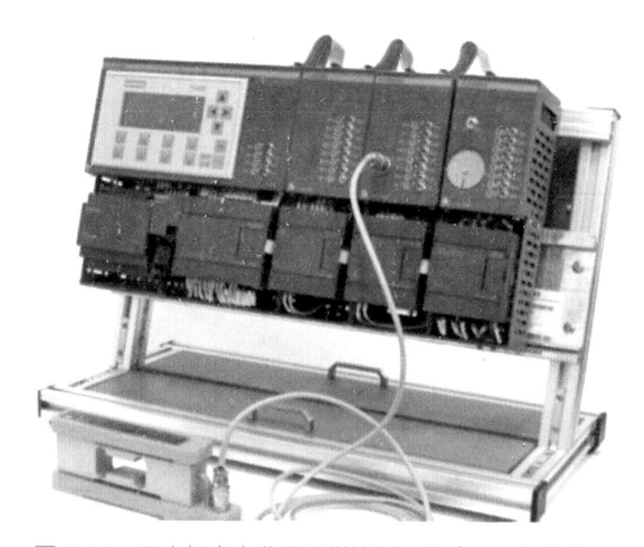

图 4-18　无人船定点分层采样控制系统（PLC 控制器）

成套设备具有自动去泡沫除泥沙、自动清洗的功能，能有效防止海水腐蚀、生物附着、泥沙淤积等，可靠性高，能够在恶劣的环境下稳定工作、提供精确的数据。设备自身的清洁功能与采水配水系统中的清洁功能结合，能够实现整套水质监测系统的长时间无故障运行。

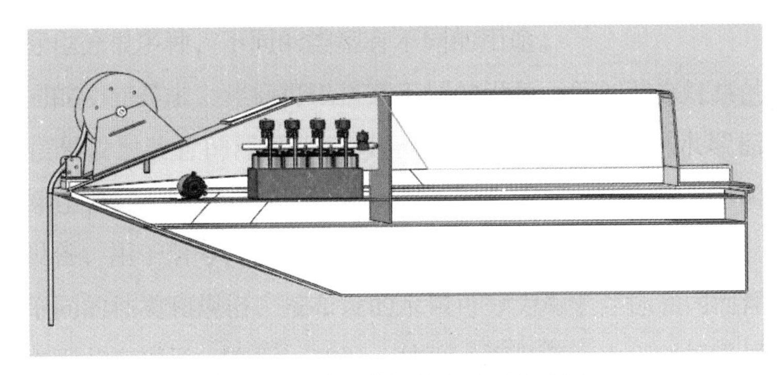

图 4-19 定点分层采水初设功能图

②组件功能量化。

样品采集系统，泵、样品容器等有部件，均不可采用金属部件，避免对水样造成重金属污染，且采集系统应便于冲洗保养。

样品容器：每个样品容器体积为 1 L；每组次采样瓶数为 24 瓶；船体可携带样品容器数量不小于 10 个组次；每个组次至少满足 8 个站位的采样要求。

精确分层采样：应具备 5 020 m 水深以内，使用传感器控制，精确分层采样功能，任意一个站位可以采集任意水深样品。

外壳防护等级 IP67。

工作温度 -10～60℃（电气元件按照 -20℃选择）。

③主要结构参数。

采样深度 0～5 020 m（可任意点采样）；

采样量为 24 × 1 L；

工作环境温度：-20～60℃；

电源 DC24V、AC380；

外形尺寸：500 mm × 560 mm × 960 mm（长 × 宽 × 高）（不含伺服卷管架）；560 mm × 560 mm × 230 mm（长 × 宽 × 高）采样器；

设备重量约：110 kg（含采样箱底部滑道）。

（5）船型及结构初设总图

①方案 1 初设总图。

采用单体履带式船型，推进方式采用挂机推进。具有结构简单、制造成本低等特点。因挂机采用的是外挂式结构对水面障碍物（如水草）的通过性差（图 4-20）。

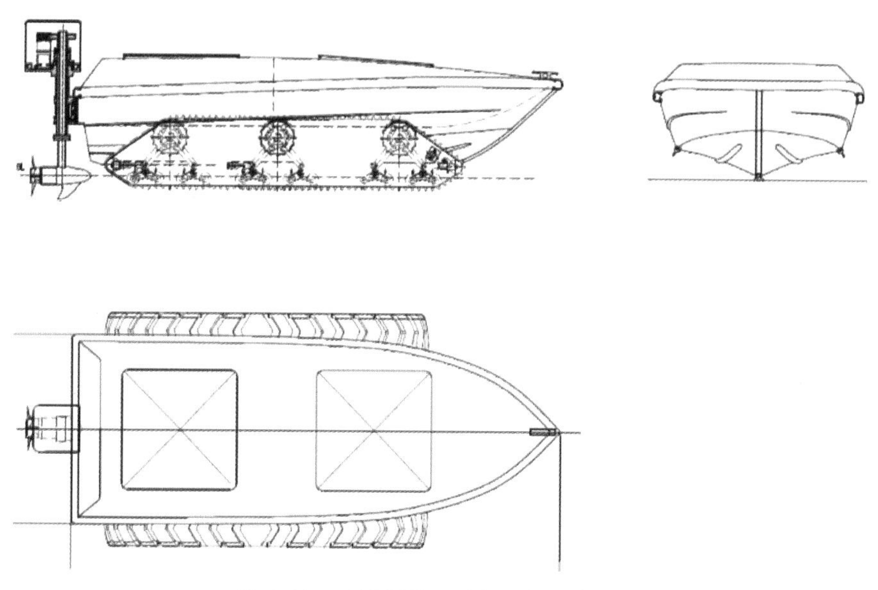

图 4-20　水陆两栖无人船型初设总图 1

②方案 2 初设总图。

采用双体船型，水上及陆地行走方式采用履带行走，因履带在水面行走的效率低、功率损失大，从能源功耗角度来说不适合（图 4-21）。

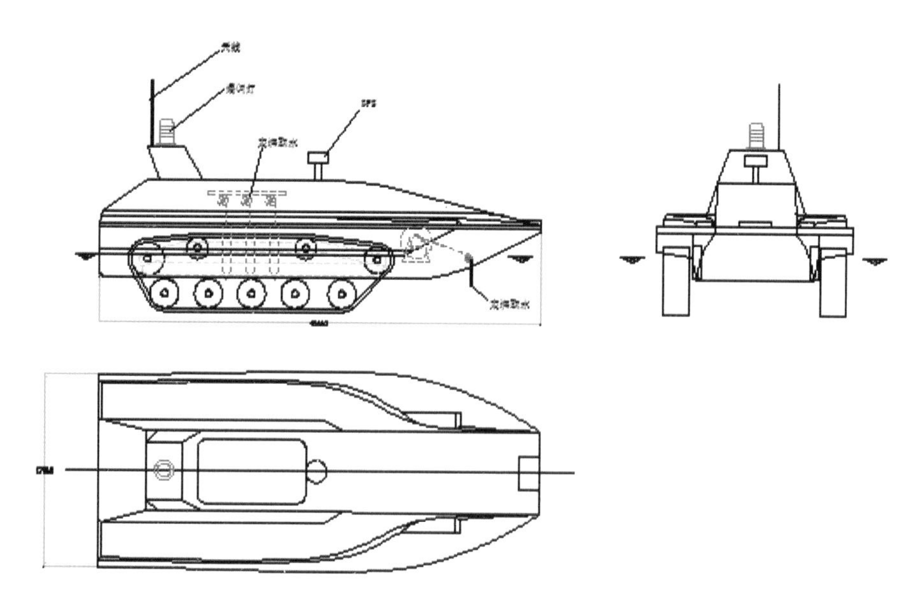

图 4-21　水陆两栖无人船型初设总图 2

③方案 3 初设总图。

采用单体或者单体槽道船型，陆地行走方式采用履带行走，水面采用喷水推进具有喷水效率高、水面航行速度快的特点。履带行走满足陆地行走的要求（图 4-22）。

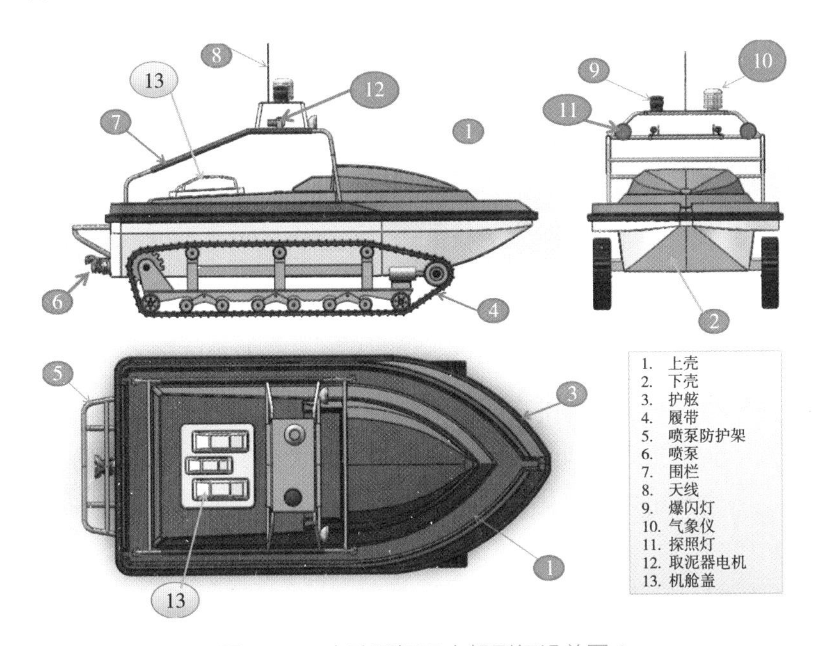

图 4-22 水陆两栖无人船型初设总图 3

结合本项目的施工工况环境及设定的水陆两栖无人艇的技术指标。为了满足恶劣极端环境下（通过性要求好）的行走需求及水面 6 海里 /h 航速要求，本项目采用履带式行走机构加喷水推进的方式。

4.4.5 船体主要材料

（1）玻璃钢材质特点

①轻质高强。

玻璃钢材质（FRP）相对密度为 1.5～2.0，只有碳钢的 1/5～1/4，可是拉伸强度却接近，甚至超过碳素钢，而比强度可以与高级合金钢相比。因此，在航空、火箭、宇宙飞行器、高压容器以及在其他需要减轻自重的制品应用中，都具有卓越成效。某些环氧 FRP 的拉伸、弯曲和压缩强度均能达到 400 MPa 以上。

②耐腐蚀。

FRP 是良好的耐腐材料，对大气、水和一般浓度的酸、碱、盐以及多种油类和溶剂都有较好的抵抗能力。已应用到化工防腐的各个方面，正在取代碳钢、不锈钢、木材、有色金属等。

③电性能好。

FRP 具备优良的绝缘特性，在高频下仍能保护良好介电性，微波透过性良好，已广泛用于雷达天线罩。

④热性能良好。

FRP 热导率低，室温下为 1.25～1.67 kJ/（m·h·K），只有金属的 1/1 000～1/100，是优良的绝热材料。在瞬时超高温情况下，是理想的热防护和耐烧蚀材料，能保护宇宙飞行器在 2 000℃以上承受高速气流的冲刷。

⑤可设计性好。

FRP 的可设计性好。可以根据需要，灵活地设计出各种结构产品，来满足使用要求，可以使产品有很好的整体性。可以充分选择材料来满足产品的性能，例如，可以设计出耐腐的、耐瞬时高温的、产品某方向上有特别高强度的、介电性好等。

（2）碳纤维材质特点

①碳纤维材质的强度高（是钢铁的 5 倍），出色的耐热性（可以耐受 2 000℃以上的高温），碳纤维材质比玻璃钢强度高；

②出色的抗热冲击性；

③低热膨胀系数（变形量小）；

④热容量小（节能）；

⑤比重小（钢的 1/5）；

⑥优秀的抗腐蚀与辐射性能。

（3）铝合金材质主要特点

铝合金材料的优缺点：重量轻，强度高，耐酸碱腐蚀性差。

（4）材料初步筛选方案

综上，通过比较材料的强度、耐腐蚀性、耐热性及性价比等技术指标，并结合强度等设计计算，本次水陆两栖无人监测船拟选取高强度玻璃钢材质作为船体主要材质，以铝合金作为舱内预埋件及龙骨材质（表 4-3）。

表 4-3 船体不同材质方案比选

材质	强度	同等强度重量	耐腐蚀性	耐热性	价格
铝合金	高	较重	差	较好	较高
碳纤维	高	轻	好	好	高
玻璃钢	较高	重	好	好	较低

4.4.6 船体动力

（1）锂电动力方案

大尺度无人船推进系统功率较大，长航时无人船要求续航时间长。目前受锂电池密度比及放电电流的约束、价格较高。目前采用纯锂电池作为无人船动力的方案仅限于小尺度内陆无人艇。针对大尺度或长航时的无人船作为动力难度较大，特别是冬季锂电池放电效率低。

（2）柴油动力方案

柴油动力作为无人艇的动力具有续航时间长的优点，续航时间不受外界温度的限制。但是采用纯柴油作为动力具有噪声大、动力设备安装结构大的特点。

（3）汽油动力方案

根据无人船舱内尺寸，同时考虑噪声及重量等因素，选用汽油动力。

4.4.7 模具制造

（1）环境条件

玻璃钢成型间（包括树脂调配间和玻纤材料裁剪间）环境清洁、无粉尘，有良好的通风及照明，但应避免穿堂风及阳光射入。房间内的温度应保持在 18～32℃；相对湿度不超过 80%。无论室外的气候条件如何，应至少在成型开始前的 24 h 达到这个条件，且应在整个糊制过程中保持其相对稳定，温度的变化不应超过 3℃。在喷射成型区域，环境的相对湿度应不小于 40%。

（2）材料种类

用于生产玻璃钢救生 / 救助艇的主要原材料为不饱和聚酯树脂、胶衣树脂、无碱玻璃纤维短切毡及方格布、引发剂（固化剂）、促进剂，以及充填浮体用发泡原料。其中，用于上、下外壳及上、下内壳和主机罩、主机盖的树脂应为阻燃型。

（3）材料技术要求

①胶衣树脂（以下简称胶衣）。

应为间苯型、触变、预促进、彩色不饱和聚酯树脂（彩胶），各项性能指标应符合相应的标准要求。尤其是，胶衣的断裂延伸率不应低于积层树脂的断裂延伸率。颜色方面，上、下外壳及艇外小件为国际橙色；上、下内壳及艇内小件为浅灰色，且应保证每批胶衣颜色的稳定性，不应有明显的色差。

外壳用的胶衣为喷射型；内壳及小件用的胶衣为手刷型。另外，外壳用的胶衣应为抗氧化性能优良的耐候性树脂，以有效降低大气暴晒条件下产生的色变。

②阻燃树脂。

阻燃型、邻苯型不饱和聚酯树脂，各项性能指标应符合相应的标准要求，且阻燃性能达到 MSC/CIRC.1006 的有关要求。

③通用树脂。

船用邻苯型不饱和聚酯树脂，各项性能指标应满足相应的标准要求。应有船级社证书。

④无碱玻璃纤维短切毡及方格布。

E 级玻璃纤维，碱金属氧化物含量小于 0.8%，含水率不大于 0.2%，其他各项性能指标应符合相应的标准要求。尤其是艇体下外壳与胶衣层相邻的短切毡，其黏结剂类型应为粉末状。常用规格为：短切毡 300 g/m^2；450 g/m^2；无捻方格布 570 g/m^2。

应有船级社证书。

⑤引发剂（固化剂）。

过氧化甲乙酮溶液，活性氧含量＞8%，各项性能指标应符合相应的标准要求。

⑥促进剂。

钴盐溶液，各项性能指标应符合相应的标准要求。

⑦发泡原料。

应为阻燃型、双组分的聚氨酯发泡原料——组合聚醚（白料）和异氰酸酯发泡剂（黑料），各项性能指标应符合相应的标准要求。

（4）存储要求

①树脂、胶衣及引发剂、促进剂等化工材料。

应在密闭、防日晒、远离火灾的库房内存放。储存间的温度不应高于 30℃。

②玻纤材料。

理想的储存条件为：相对湿度比成型间的湿度略低，温度至少比成型间的温度高 2℃。在达不到理想条件时，应将其至少提前 2 天存放于与成型间的温湿度相同的场所。另外，玻纤材料在储存或运输过程中应保持包裹的完好性，防止雨淋或受潮，同时要保持环境清洁、无粉尘。

③发泡原料。

组合聚醚和异氰酸酯发泡剂的存储容器应密闭，以防潮气，且应存放在室内通风良好的地方，避免阳光照射。储存温度要求为 10～35℃。

（5）模具要求

批量生产的救生 / 救助艇的玻璃钢成型，应使用玻璃钢模具。模具的设计制作应充分考虑使用过程的可操控性，具有定位准确、使用方便、易于脱模等特点。

在尺寸符合设计要求的前提下，玻璃钢模具应具有足够的强度和刚性，以防止使用过程中可能发生的形变。模具的表面应无缺陷、光洁度好、光线下无明显的波浪纹，同时要能消除成型过程中因反应热的积聚对模具产生的影响。

对符合使用要求的模具在使用之前，首先应将其表面清理干净，然后再涂脱模剂或打脱模蜡。当模具的存放场所的环境条件不符合成型要求时，应提前将模具移至成型间，使模具的表面温度达到与成型间相同的温度。

（6）树脂调配

①胶衣的调配。

胶衣桶开启之前，一定要将桶反转、滚动数次，以消除由于长期存放导致的颜料沉淀或分层现象。待桶内的气泡消除后，再进行调配。常规条件下，只按照胶衣重量的 2% 加入引发剂并充分搅拌均匀即可。当固化时间的快慢不满足要求时，可以适当调整引发剂的加入量，但不应超出 1.5%～2.5% 的范围。

②树脂的调配。

通常使用的树脂为非预促进型，调配时首先加入促进剂，搅拌均匀后再加入引发剂，并充分搅拌。通常情况下，引发剂的加入量为树脂重量的 2%；促进剂的加入量为树脂重量的 0.5%～4%。当固化时间的快慢不满足要求时，可以适当调整引发剂的加入量，但不应超出 1.5%～2.5% 的范围。

（7）玻纤裁剪

玻纤的裁剪过程应在清洁的台面上进行，裁剪的理论依据为各型号艇的“玻璃钢壳体铺层设计”。对于艇艏、艇艉隧等特殊部位，应根据实际形状现场进行裁剪。玻纤的裁剪应本着尽量使纤维连续的原则，做到纵横交替，在搭接区域留出 50 mm 的搭接宽度。

（8）成型糊制

①喷涂胶衣。

胶衣的喷涂应均匀，无露底或流淌现象。控制胶衣层的厚度为 0.3～0.6 mm，胶衣的使用量约 600 g/m^2 为宜。

②首层糊制。

胶衣层凝胶后约 3 h 即可进行首层短切毡的糊制。首层毡的糊制时间可以适当推迟，但不能超出 24 h。

③后续层糊制。

首层毡固化后再进行后续层的糊制。后续层的糊制是否需要分次进行取决于理论设计厚度。一般情况下，厚度不超过 7 mm 时，可一次性糊制完毕，但个别部位除外，如艉呆木区域，一次的糊制厚度不超过 4 mm。

④局部加强糊制。

后续层固化后再进行局部加强糊制。各区域的局部加强糊制应按照各型号艇相应的“玻璃钢壳体铺层设计”进行。

⑤加强筋糊制。

对于纵横加强筋的交接，在芯材预置时就应考虑。当纵横加强筋的芯材尺寸相近时，应保持纵向芯材连续；否则，应在尺寸大的芯材上开孔，使尺寸小的芯材连续通过。

在纵横加强筋的交接处，为使玻纤层与船壳间良好黏结，需要在接点处将玻纤层（毡或布）局部剪开成小裂口形式，但应保证纵向纤维的连续，且各铺层单元之间的小裂口位置应错开。

注：以上各糊制过程，如果前一次糊制的固化时间超过 24 h，则糊制之前应对糊制面进行打磨处理，清除表面的光滑层，以提高二次糊制的黏结强度。

⑥预埋件糊制。

预埋件在使用前应进行表面处理。对于木质材料，应充分干燥，没有明显的结疤、开裂、腐烂等缺陷；对于金属件，应无锈蚀、油污、水分等；对于塑料管，应在 160℃的温度下，不变形、不熔化。

预埋件糊制前应在船壳表面的预埋位置进行打磨处理，打磨范围为：预埋件的面积加周边向外扩展 50 mm 区域。在预埋件与船壳板贴合良好的情况下，可直接进行预埋糊制。否则，应先糊制一层 300 g/m^2 短切毡，然后再进行预埋糊制。通常预埋糊制两层 450 g/m^2 短切毡即可。

⑦固化与脱模。

在生产周期允许的前提下，成型后的玻璃钢产品尽可能保持较长的模具内固化时间。一般情况下，在环境温度不低于 18℃时，玻璃钢固化 48 h 即可达到脱模要求。脱模前，应进行巴氏硬度测试。当测得的巴氏硬度值不低于 40 时，方可脱模。

（9）结构连接

①连接方式。

舱壁 / 隔板与船壳板之间采用玻璃钢二次糊制连接，即胶接。

对于横舱壁或纵舱壁直接与船壳板连接的情况，舱壁和船壳间直接用树脂腻子衔接，且舱壁与船壳的拐角处用树脂腻子倒角。当舱壁与船壳板间有加强筋连接时，横、纵舱壁与加强筋的连接方式有所不同。横舱壁与肋骨之间的连接应使用短切毡层；而纵舱壁与纵骨之间的连接使用树脂腻子即可。

②角接糊制。

舱壁 / 隔板与船壳连接的两侧角隅应分别进行玻璃钢二次胶接糊制，且糊制的厚度不应低于舱壁与船壳板两者中较薄者厚度的一半。但当其中的一侧角隅无法实现胶接糊制时，另一侧的角隅糊制厚度应加倍。

（10）浮体充填

聚氨酯发泡剂适宜的发泡温度为 16～25℃。过高或过低的环境温度将影响发泡的时间和泡沫质量，特别是在低温条件下。当环境温度过低时，应借助机器的预热功能，将发泡原料的温度调控到发泡的理想温度。

艇充填之前，都应在艇外进行发泡实验，以保证发泡质量。实验时，调整机器的两个出料口的流量，使组合聚醚和异氰酸酯的混合比例为 1∶1（允许异氰酸酯的比例略高，但不得超过 1.1 倍）。艇外发泡应保留试样，用于做泡沫的密度测试。试样的留取遵循这样一个原则：同一批次、同一环境条件下，保留一块试样；批次或环境条件有任何的改变，应分别保留试样。

艇外实验完毕并确认发泡正常后，开始船壳的充填。由于发泡原料混合后的发泡需要一定的时间，且发泡过程中产生高热，因此艇内充填的过程需分多次进行。通常一个区域一次充填到泡沫厚度约 30 cm 时停止操作，待其充分发泡且艇内温度有所降低后，再继续充填。每条艇的泡沫充填量都有理论计算。充填时可根据理论用量来控制实际用量，避免出现过充现象。

图 4-23　无人船开模现场

4.4.8　样机制备

样机参数：长 4.2 m，宽 1.9 m，高 1.6 m，自重 1.1 t。

样机布置：内部布发动机、采样机、气泵、液压油散热器。

经过了模具制作、设备采购、舾装架加工、壳体制作、样机组装等工序，最终形成水陆两栖艇样机 1 套。根据初步方案完成履带驱动装置样机设计和制作，并将样机按照水陆两栖艇实际重量配比进行水上和陆地上的实验（图 4-24～图 4-26）。

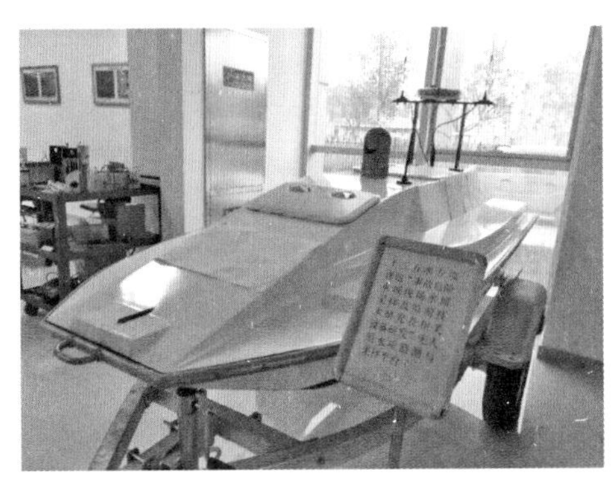

图 4-24　样机图片

图 4-25　水上和陆上实验

图 4-26　爬坡实验

（1）水陆两栖艇样机制作

技术设计文件经过评审批准后即展开了水陆两栖艇工程艇制作工作，经过了模具制作、设备采购、舾装架加工、壳体制作、样机组装等工序，最终形成水陆两栖艇样机 1 套，如图 4-27 所示。

样机制作完成后，各系统进行了联合调试，能够正常运行，满足要求。

图 4-27 水陆两栖艇工程艇

（2）水陆两栖艇船级社产品实验

水陆两栖艇按照实验大纲及技术相关技术规范的要求，进行了一系列船级社实验，包括主要参数测量、航行实验、陆地上行走实验、爬坡功能实验等水上和陆地上实验，所有实验通过了中国船级社认可，并签发实验报告及水陆两栖艇实验认可证书（图 4-28）。

证书格式号/Form: CCSI/TJ - JY13

中 国 船 级 社
CHINA CLASSIFICATION SOCIETY

检 验 报 告
SURVEY REPORT

证书编号/Certificate No.: TJ-JY13-19-005

兹证明，应 天津市环境保护科学研究院 的申请，本公司署名检验人员依据 委托方提供的技术相关资料 对下列产品进行了报告所列检验项目

This is to certify that, upon request of **Tianjin Academy of Environmental Sciences**, the following products have been inspected by the undersigned surveyor to the Company according to **relevant information provided by client**.

制造厂名 天津市环境保护科学研究院
Manufacturer **Tianjin Academy of Environmental Sciences**
订货方 无
Purchaser **NULL**
产品名称 风险水域移动式水陆两栖全自动取样监测设备
Product **Amphibious Automatic Sampling and Monitoring mobile Device on Hazardous area**
认可证书号/Cert. No. of Approval: Null 图纸批准号/Approval No. of drawings: Null
用于 事故危险水域现场水质采样及监测
Intended for **monitoring water quality and sampling in hazardous accident area**
产品使用限定 适用于坑塘、内河、湖泊、近岸海域水域及水域周边陆域，不可载人
Restriction for application of product **to be used on pond, river, lake, Coastal waters and shore land, not manned**
产品编号 无
Serial No. Null

检验项目及结果/ Inspection Item and Result

☒ 外观检查/Visible Inspection 接受/Accepted
☒ 动作检查/Function Inspection 接受/Accepted
☒ 性能检测/Performance Testing 通过/Passed

报告有效期至/This Report is valid until April 12, 2021

验船师 Issued by 王王本 签发日期 Date April 13, 2020

This report is issued pursuant to relevant information provided by client and related procedures of the Company. When the report consists of more than one page, all page of the report are taken as a whole and are used simultaneously. No report page is valid without bearing the stamp of the Company and no copied form of the report is regarded as valid. Any part of the report is not to be extracted or abridged by any unit or individual in any form. Related parties who are doubted about the authenticity of the certificate may inquire of the Company or its offices.
This report only shows the status at the time of inspection. The owner and operator should pay attention to the maintenance, and operate according to the operation rules. The related check should be carried out before operation. The renew survey should be carried out in case of any defect, deform, or modification, reparation etc.

证书编号/Certificate No. TJ-JY13-19-005

产品明细/ Product Description

设备规格参数

- 主体材质：玻璃钢（耐强酸、强碱不饱和聚酯树脂）
- 总长：4.672 米
- 总宽：2.083 米
- 空载负荷/满载负荷：1.52 吨/2.5 吨
- 发动机/功率：BYD473QE/80 千瓦
- 水上推进方式/速度：喷水推进/7.7 节（空载）
- 陆地行走方式/速度：履带式/16.3 公里/小时（空载）
- 采样瓶数量：24 个（1 升/个），具备定深采水功能，样品具有自动打包功能
- 抓泥器数量：2 个
- 越沟能力：1 米
- 爬坡能力：25 度

注："空载负荷"系指设备未承载任何其他物品时的自重；
"满载负荷"系指设备承载最多其他物品时的总重；

检验依据：

- 风险水域移动式水陆两栖全自动取样监测设备试验大纲
- 总布置图 （HV410-100-00-00）
- 船体结构图 （HV410-100-10-00）
- 电气系统图 （HV410-100-18-00）
- 供油系统图 （HV410-100-16-00）
- 冷却系统图 （HV410-100-15-00）
- 推进系统图 （HV410-100-11-00）
- 陆地行走系统 （HV410-200-00-00）

检验项目及结果

☒ 外观检查：

- ✓ 设备外观整齐、结构完整、各部件安装完备、外形尺寸满足总体布置图要求；
- ✓ 设备所安装推进系统、陆地行走系统、动力系统、电气系统、冷却系统符合图纸要求；
- ✓ 设备所安装各机械、电气部件外观良好；
- ✓ 设备所安装管路连接符合相关系统图要求，连接紧密，无渗漏；
- ✓ 设备所安装电缆外观良好，电气接头牢固，绝缘情况满足使用要求。

☒ 动作检查：

- ✓ 主电源开关手动打开，成功；
- ✓ 舱内灯开关手动打开，成功；
- ✓ 舱外灯开关手动打开，成功；
- ✓ 摄像头开关手动打开，成功；
- ✓ 油表、电压表显示，正常；
- ✓ 遥控发动机启动、熄火，成功；
- ✓ 遥控发动机离合收放，换档挂挡，成功；
- ✓ 遥控履带前进、后退，成功；
- ✓ 遥控舵的转动，成功；
- ✓ 遥控喷水推进器离合，成功；
- ✓ 遥控水中前进、后退，成功；
- ✓ 遥控抽水电机动作遥控，成功；
- ✓ 4 台舱底泵功能试验，成功；

- ✓ 遥控抓泥器动作，成功；

☒ 性能检测：

- ✓ 陆地行走试验
  试验设备成功完成进行前进、后退、转弯、调头动作，
  直线最大行走速度 16.3 公里/小时。（干燥土质路面）
- ✓ 水上航行试验
  试验设备成功完成进行前进、后退、转弯，调头动作，
  直线最大航速 7.7 节。（平静水域）
- ✓ 陆地越沟能力测试，成功；（通过 1 米宽，深度 100 毫米的沟渠）
- ✓ 爬坡能力测试，成功；（25 度干燥土质路面）
- ✓ 取泥功能测试，成功；
- ✓ 深层取水能力测试，成功。

责任声明/ Statement of Responsibility

本公司的检验不影响、替代与本公司授权或检验无关的各方对上述产品的认可和发展，并且不对与本公司授权或检验无关的各方负责，不承担其未经应允而承认、接受本公司认可所导致的法律和经济责任。

The inspection of the Company does not affect and replace any approval and certification of the manufacturer by any parties that bear no relation with this Company's authorization or survey and therefore takes no responsibility for these parties. The company does not undertake any legal and economic liabilities arising from accepting this Company's certificate without prior permission from this Company.

其他/ Others

无/Null

中国船级社实业公司天津分公司

CCSI Tianjin Branch

*****本报告正文完/ End of Text*****

证书格式号/Form: CCSI/TJ - JY13

中 国 船 级 社
CHINA CLASSIFICATION SOCIETY

检 验 报 告
SURVEY REPORT

证书编号/Certificate No.: TJ-JY13-19-005a

兹证明，应 天津市环境保护科学研究院 的申请，本公司署名检验人员依据 委托方提供的技术相关资料 对下列产品进行了报告所列检验项目

This is to certify that, upon request of **Tianjin Academy of Environmental Sciences**, the following products have been inspected by the undersigned surveyor to the Company according to **relevant information provided by client**.

制造厂名 天津市环境保护科学研究院
Manufacturer **Tianjin Academy of Environmental Sciences**
订货方 无
Purchaser **NULL**
产品名称 风险水域移动式水陆两栖全自动取样监测设备
Product **Amphibious Automatic Sampling and Monitoring mobile Device on Hazardous area**
认可证书号/Cert. No. of Approval: Null 图纸批准号/Approval No. of drawings: Null
用于 事故危险水域现场水质采样及监测
Intended for **monitoring water quality and sampling in hazardous accident area**
产品使用限定 适用于坑塘、内河、湖泊、近岸海域水域及水域周边陆域，不可载人
Restriction for application of product **to be used on pond, river, lake, Coastal waters and shore land, not manned**
产品编号 无
Serial No. Null

检验项目及结果/ Inspection Item and Result

☒ 外观检查/Visible Inspection 接受/Accepted
☒ 动作检查/Function Inspection 接受/Accepted
☒ 性能检测/Performance Testing 通过/Passed

报告有效期至/This Report is valid until

验船师 Issued by 签发日期 Date 2020.7.29 July 29, 2020

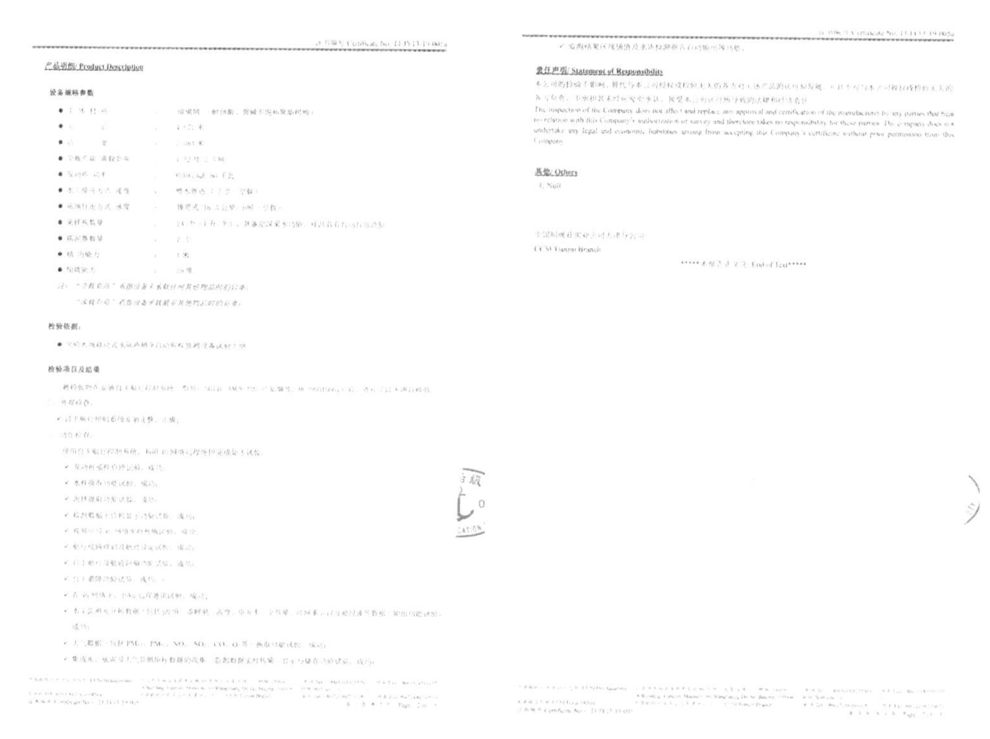

图 4-28　船级社证书

4.4.9　创新性

针对天津港“8・12”事件中暴露的环境事故现场条件复杂及远距离水质采样监测困难的问题，研发了风险水域多功能安全监测技术。

该技术通过水质监测单元、水样采集单元、4G 无线通信模块、上位机系统、控制单元、路线规划、自主避障、定点分层采样等功能的集成与整合，形成了集水样自动化收集、监测数据实时传输、显示与储存、监测结果区域插值、水质检测报告自动输出等多功能于一体的水质监测技术。具有如下创新性：

①实现国内首台水陆两栖水泥采样监测智能化无人船的零的突破；

②对自主控制技术、定点分层采样技术、在线监测与水 / 泥样品采集功能等核心技术进行了系统集成，在功能整合上具有一定的创新性；

③立体组合避碰中采用基于仿生眼球运动控制机理的三维声呐仿生云台，解决了前视避碰声呐受到浪涌、水流的影响，造成声呐图像模糊、变形，无法有效识别

水下障碍物的问题。

4.4.10 应用

风险水域多功能安全监测技术解决了目前存在的事故条件下危险水域样品采集危险性高、难度大的现实问题，将采样无人艇系统、自动操控系统、数据 / 视频传输系统、监视 / 采样设备、地面监视控制站等设施进行系统整合，形成危险区域的水陆两栖无人取样及监测平台，最大限度地避免监测人员在有毒有害区域作业过程中的身体接触，并有效确保监测数据代表性与准确性，为后续环境应急措施的制定提供科学依据（图 4-29）。

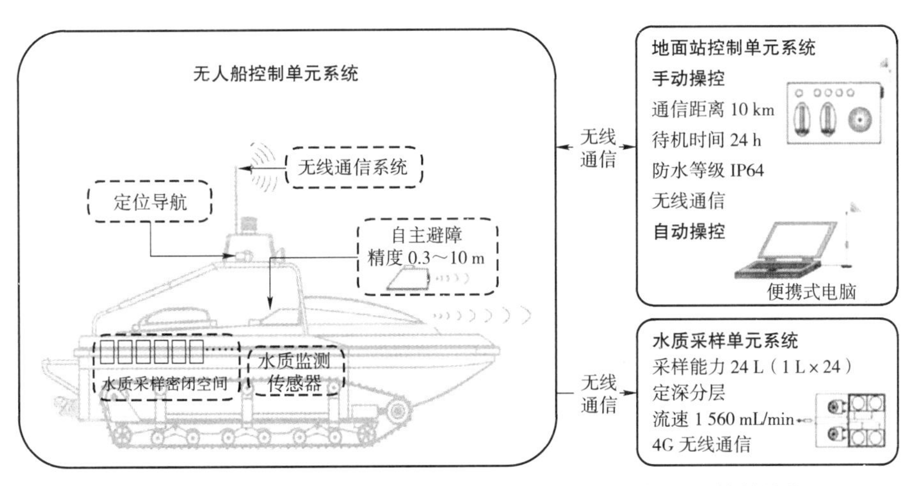

图 4-29　风险水域移动式水陆两栖无人监测采样艇控制系统总结构

风险水域多功能安全监测技术现已成功应用于风险水域移动式水陆两栖全自动取样监测设备，满足污染事故区域复杂的地物环境特征要求，实现了滨海工业带危险事故水域自动采样和监测的目标（图 4-30）。

风险水域移动式水陆两栖全自动取样监测设备目前已经完成研发，未来可以应用于河口、海岸水陆出现的环境突发应急事件的应急取样监测。它充分利用平台的全地形行走、监测数据移动抓取、航迹取样智能规划以及监测数据一体化呈现等专业模块化功能实现对陆海应急取样监测的全覆盖（图 4-31）。

图 4-30　风险水域移动式水陆两栖全自动取样监测设备

图 4-31　应急演练现场

风险水域多功能安全监测设备能够实现无人多功能式作业，能够涵盖 pH、溶解氧、温度、电导率、全盐量、叶绿素 a 以及蓝绿藻等主流在线监测参数；设备船体总长度 4.5 m，空载负荷 1.5 t，满载负荷 2.5 t，水中稳定最大航速 6 海里 /h，通信距离最大 10 km（作业及航行距离）。船体能够同时在陆地及滩涂泥泞环境下正常行驶，可以在强酸、强碱以及高盐条件下正常作业；可以实现对于目标水体及底泥（沉积物）的定点悬停采样，其中水体的单次作业采样量为 24 × 1 L，样品具有自动打包功能，船体操控平台能对采样点位以及采样时间进行准确记录。

为深入贯彻落实京津冀协同发展重大战略，提高京津冀协同应对突发水环境事件能力，防范化解生态环境风险，确保区域环境安全。风险水域移动式水陆两栖全自动取样监测设备于 2019 年 8 月 29 日已成功应用于京津冀生态环境部门。天津市宝坻区政府在天津市宝坻区潮白新河流域组织的 2019 年京津冀突发水环境事件联合应急演练中，有力地支撑了突发水环境事件过程中应急采样监测任务的完成，为跨界水污染突发事件的妥善处置奠定了坚实基础。

风险水域多功能安全监测技术现已成功应用于风险水域移动式水陆两栖全自动取样监测设备，满足了污染事故区域复杂的地物环境特征要求，实现了滨海工业带危险事故水域自动采样和监测的目标。

风险水域多功能安全监测技术与设备解决了目前存在的事故条件下危险水域样品采集危险性高、难度大的现实问题，将自动操控系统、数据 / 视频传输系统、监视 / 采样设备、地面监视控制站等设施进行系统整合，形成危险区域的水陆两栖无人取样及监测技术，最大限度地避免监测人员在有毒有害区域作业过程中的身体接触，并有效确保监测数据代表性与准确性，为后续环境应急措施的制定提供科学依据。

4.4.11 社会经济效益

风险水域多功能安全监测关键技术和设备可应用于突发水环境事故现场危险水域和陆域样品采集和检测，最大限度地避免监测人员在有毒有害区域作业过程中的身体接触，突破复杂条件下的远距离水质监测取样“瓶颈”。风险水域多功能安全监测技术可以实现水样定深自动化收集、底泥采集、视频回传、自主航行、监测数据实时传输、显示与储存、监测结果区域插值、水质检测报告自动输出等功能。设备将风险水域多功能安全监测技术、移动式水陆两栖无人监测艇硬件平台及各类搭载设备进行集成和整合，船体采用玻璃钢为材料，总长约 4 m，宽 1.8 m，高 2.7 m，空载重量约 1 500 kg，可搭载重量 1 000 kg，静水航速 6 海里 /h（水中航速速度），陆上行走速度 12 km/h，最大作业半径 7 km，最大采样深度 10 m，每次采水 1 000 mL/ 瓶，可一次采集 24 瓶。在移动性上可以实现多功能环境下的快速反应以及监测数据和环境影像的稳定传输。

在成果的应用推广方面，本着“边研发、边产出、边应用”的原则，将课题研究成果服务于京津冀区域水污染事件应急处理及管理工作。目前，风险水域多功能安全监测关键技术和设备已经成功用于京津冀生态环境部门和天津市宝坻区政府在天津市宝坻区潮白河流域开展的京津冀突发水环境联合应急演练现场。以上的推广应用验证了课题成果对环境突发应急事件进行应急取样监测的能力，有效地支撑了京津冀应急监测能力。

《天津市水污染防治条例》中第七章（水污染事故预防与处置）中指出市级和区人民政府要“明确预警预报与响应程序、应急处置及保障措施等内容”。风险水域多功能安全监测关键技术和设备的推广应用，有助于提高天津滨海工业带水环境风险应急监测水平，有效地支撑该条例的执行并能够提升公众对天津市应对处理水污染事故的信心，对天津市抓住五大战略叠加机遇、营造更好的开发开放环境有显著的社会意义。

此外，风险水域多功能安全监测技术现已成功应用于风险水域移动式水陆两栖全自动取样监测设备，该设备集成水样自动化收集、监测数据实时传输、显示与储存、监测结果区域插值、水质检测报告自动输出等基础功能，还能够满足风险事故区极端条件下的环境监测需求。设备在船体材质上使用高于普通监测船的材料（碳纤维、金属类或玻璃钢），在移动性上可以实现多功能环境下的快速反应以及监测数据和环境影像的稳定传输，进而解决污染事故区域的陆域屏障，有效保障监测人员的人身安全，提高监测取样效率，满足污染事故区域复杂的地物环境特征要求，实现了滨海工业带危险事故水域自动采样和监测的目标。

风险水域多功能安全监测技术与设备实现了应急设备产业化，提升了应急设备装备水平，并且有较强的市场前景。未来风险水域多功能安全监测技术与设备可以与相关企业对接，完成设备的产业化并不断迭代，服务于对各地水污染防治攻坚战。

风险水域多功能安全监测技术与设备可以支撑水环境管理，应用于河口、海岸水陆出现的环境突发应急事件的应急取样监测，充分利用监测数据移动抓取、航迹取样智能规划以及监测数据一体化呈现等专业模块化功能实现对陆海应急取样监测的全覆盖。有助于水环境管理及水污染防治攻坚战等工作，为我国水环境精准管理提供了支撑作用。

4.5 风险水域智能采样监测技术的其他应用

4.5.1 采样监测无人船 SS30 的应用

采样监测无人船 SS30（图 4-32）为双体船型、采用上下隔舱设计，船体使用复合材料制成，全船水密性良好，并具备防沉防颠覆的能力。SS30 吃水深度浅，可在最小水深 0.25 m 的水域环境下工作。同时，该船采用通用型数据接口、供电系统及机械结构，可灵活地接入各种任务系统。在智能控制方面，SS30 具备控制基站或智能遥控器远程完成任务执行及实现数据实时传输的能力，可自主航行并实现多点、定点、定量全自动采样（表 4-4）。

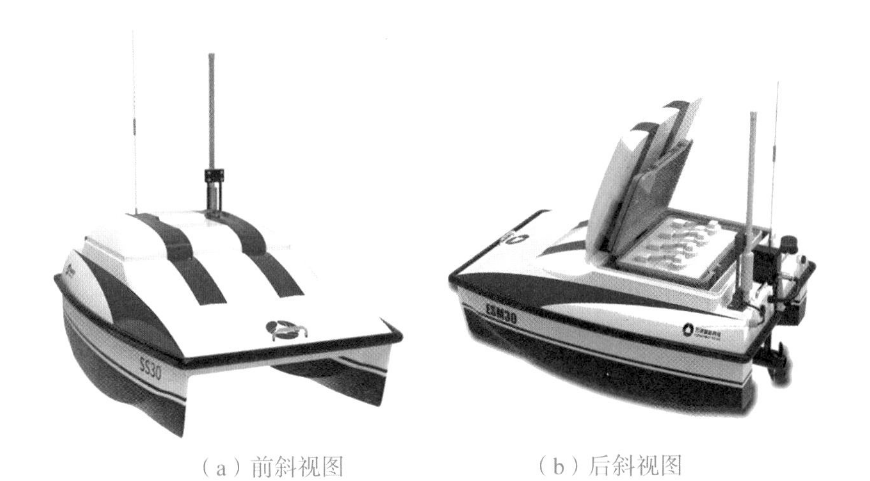

（a）前斜视图　　（b）后斜视图

图 4-32　采样监测无人船 SS30 外形

表 4-4　SS30 主要参数

抗风浪等级	4 级风，1 m 浪
航速	工作航速 1.0 m/s，最高航速 2.0 m/s
续航	3 h，1.0 m/s，1.5 h，2.0 m/s
最小工作水深	0.25 m
船体自重	32 kg
负载能力	15 kg
船型	双体
船体尺寸	1.15 m（长）× 0.80 m（宽）× 0.43 m（高）
推进形式	螺旋桨
船体材料	玻璃钢等
通信	遥控 1.0 km，1.4G 自研基站 2.0 km

（1）采样监测无人船 SS30 在爆炸现场持续采样监测中的应用

2015 年 8 月天津港爆炸事件中，采样监测无人船 SS30 在爆炸中心点、排水明渠、天津港污水处理厂出水排放处、天津港周边海域，24 h 不间断采样，为爆炸现场的数据采集提供第一手资料（图 4-33）。

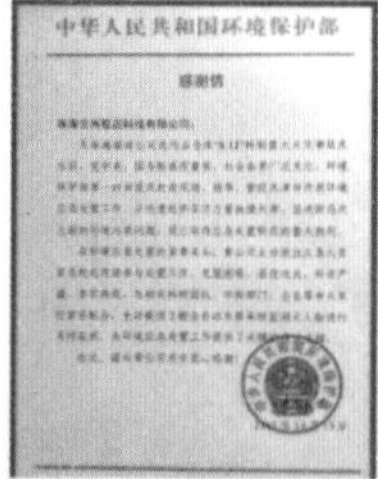
中华人民共和国环境保护部
感谢信

图 4-33　采样监测无人船 SS30 参与天津“8・12”特大火灾事故环境应急工作

（2）采样监测无人船 SS30 在应急采样监测中的应用

2015 年 11 月 24 日，甘肃省陇南市西和县尾矿库泄漏引发跨省水污染，陕西部分水质锑超标 34.6 倍，已构成重大突发环境事件。采样监测无人船 SS30 在陕西省内承担了 4 个最关键监测断面的采样工作。7 个昼夜中，无人船航程共 179.2 km，采集样品共 259 个，为应急处置工作提供了及时、有力的证据（图 4-34）。

图 4-34　采样监测无人船 SS30 参与甘肃省陇南市西和县锑泄漏事故环境应急工作

4.5.2　地形探测无人船 ESM30 的应用

无人艇 ESM30 在 SS30 的基础上进一步提升智能化性能，除了通过自主航行实现多点、定点、定量全自动采样外，还具备卫星定位、智能避障、远距离实时视频传输和数据通信、网络化监控等功能，在搭载市面主流水质在线监测仪器后可以实现全自动标准化水质采样、水质在线监测、测量绘制污染分布图、污染源追踪定位等，还可进行在线检测的数据处理及存储（图 4-35）。

图 4-35　全自主采样监测无人船 ESM30 外形

（1）全自主采样检测无人船 ESM30 在水质监测及地形测量中的应用

2017 年 2 月，河南省栾川县榆木沟尾矿库 6 号溢流井发生坍塌，相关政府部门使用无人船开展库区水质监测和地形测量工作。面对复杂的地理环境及当地暴雪的恶劣天气，无人船仅用 6 h，完成了总程 8 km、测绘面积达 0.8 km^2 的测量任务，为专家制定后续解决方案提供了重要依据（图 4-36、图 4-37）。

图 4-36　河南栾川尾矿泄漏现场

图 4-37　ESM30 监测任务执行现场

（2）全自主采样检测无人船 ESM30 在地球“第三极”科考项目中的应用

2017 年 6 月，21 世纪中国第一次大规模第三极科考正式启动。全自主采样检测无人船 ESM30 作为新技术手段，跟随科考队探秘地球“第三极”。在不利于人工开展水面采样工作的情况下，全自主采样检测无人船 ESM30 对包括色林错在内的藏北湖泊群（海拔：4 724 m；温度：0～12℃；平均气压：1 010 hPa）进行水体参数测量（图 4-38）。

图 4-38　工作现场

全自主采样检测无人船 ESM30 搭载哈希 DS5 在线监测仪，在西藏纳木错湖进行水质 7 参数（常规五参数、蓝绿藻、叶绿素）监测。在高海拔、高寒缺氧、湖面风急浪高（3～4 级风况）的极端工作环境下，仅用时 2 天就高效、准确、安全地完成 20 km^2 湖面水质监测工作，并自动输出采样报告及绘制水质分布图（图 4-39～图 4-41）。

图 4-39　监测路径

监测点	纬度	经度	水温（℃）	pH	溶解氧（mg/L）	水浊度（NTU）	电导度（mS/cm）	叶绿素（μg/L）	蓝绿藻（cells/mL）
1	32.197 517 83	88.940 512 50	12.70	9.111 1	5.985 6	0.277 7	5 797.014 2	0.742 5	3 788.954 3
2	32.200 731 67	88.960 441 33	12.94	9.183 9	5.745 1	0.278 1	5 769.193 4	0.763 7	3 530.465 3
3	32.211 196 00	88.967 660 17	13.04	9.190 0	5.873 9	0.278 8	5 768.259 8	0.967 9	4 258.404 8
4	32.215 286 17	88.957 826 33	13.27	9.1 86 9	6.072 3	0.278 9	5 771.522 5	1.087 9	3 671.383 8
5	32.205 240 67	88.957 958 83	13.12	9.194 7	5.730 0	0.278 7	5 768.757 8	0.606 1	3 250.713 4
6	32.206 773 17	88.956 823 83	13.22	9.195 5	5.670 7	0.279 0	5 767.036 1	0.645 0	3 666.797 9
7	32.198 353 50	88.941 702 67	13.40	9.191 5	5.897 5	0.279 1	5 772.043 9	0.675 2	3 179.836 9

图 4-40　水质监测数据报告（部分）

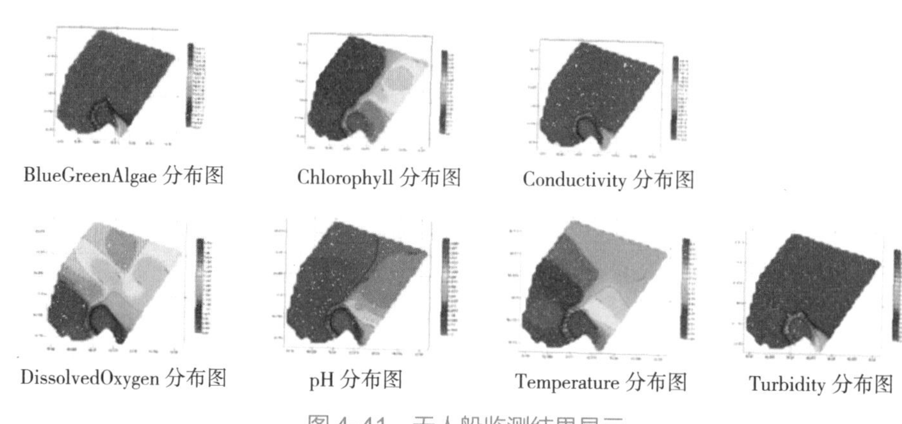

图 4-41　无人船监测结果显示

（3）全自主采样检测无人船 ESM30 在武汉 50 湖水质普查项目中的应用

全自主采样检测无人船 ESM30 在武汉市环保局 2015 年主导的“武汉市湖泊湿地水环境生态调查与研究”项目中得到了应用（图 4-42、图 4-43）。项目计划选择市内具有代表性的 50 个湖泊及 3 片湿地作为研究对象，调查总面积达 460 余 km^2 水域。通过对水体进行采样和在线监测，分析包括 pH、浊度、透明度、溶解氧、电导率、高锰酸盐指数、化学需氧量、氨氮、总磷、总氮、重金属、叶绿素 a、浮游植物、浮游动物、底栖动物等在内的水体指标。17 天内共采集 673 个水样，覆盖 4 678 个监测点，并提供了 53 套采样、监测报告。而采用传统采样方式，这些任务的完成至少需要 3～6 个月的时间。

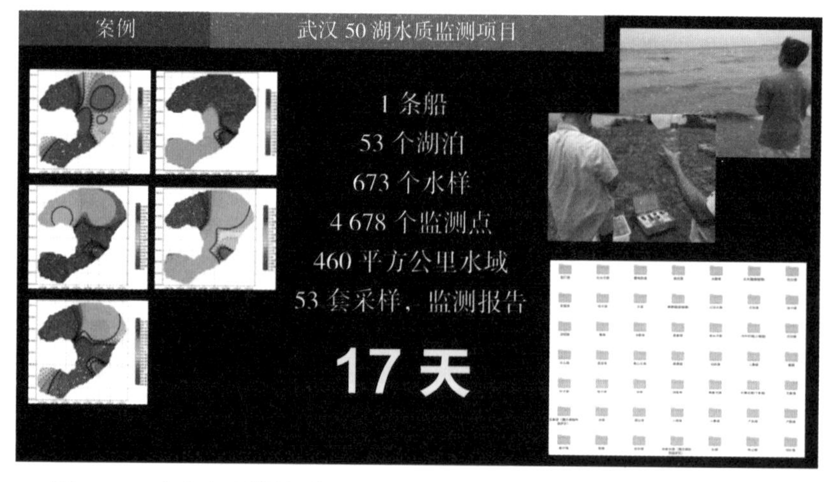

图 4-42　全自主采样检测无人船 ESM30 参与武汉市 50 湖泊水质监测

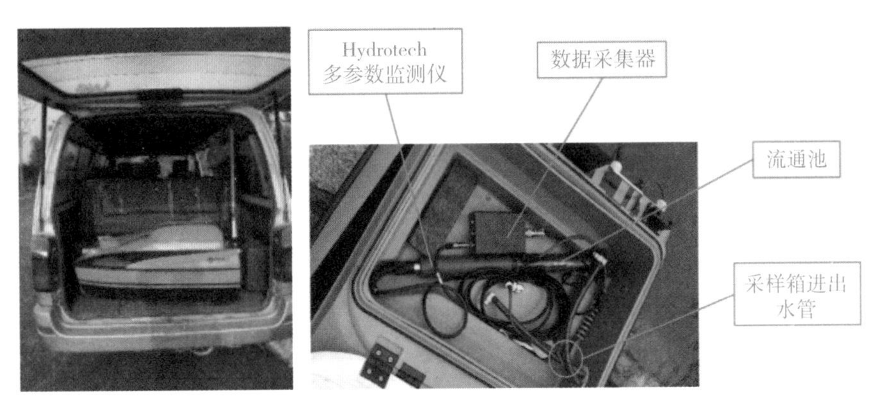

图 4-43 无人船及监测系统

例如，武汉三角湖水域面积约为 2.67 km^2，根据项目组要求，对湖面 4 个点的水体进行采样，同时对湖面上 28 个监测点进行水质监测，每个监测点间隔为 100 m，监测参数包括 pH、温度、溶解氧、电导率和浊度，任务总耗时仅 40 min（图 4-44）。

图 4-44 无人船现场作业

在完成对三角湖 28 个监测点的水质监测后，根据传回的数据，无人船控制基站自动绘制出该湖 5 项参数的分布图，供调查人员分析存档（图 4-45）。

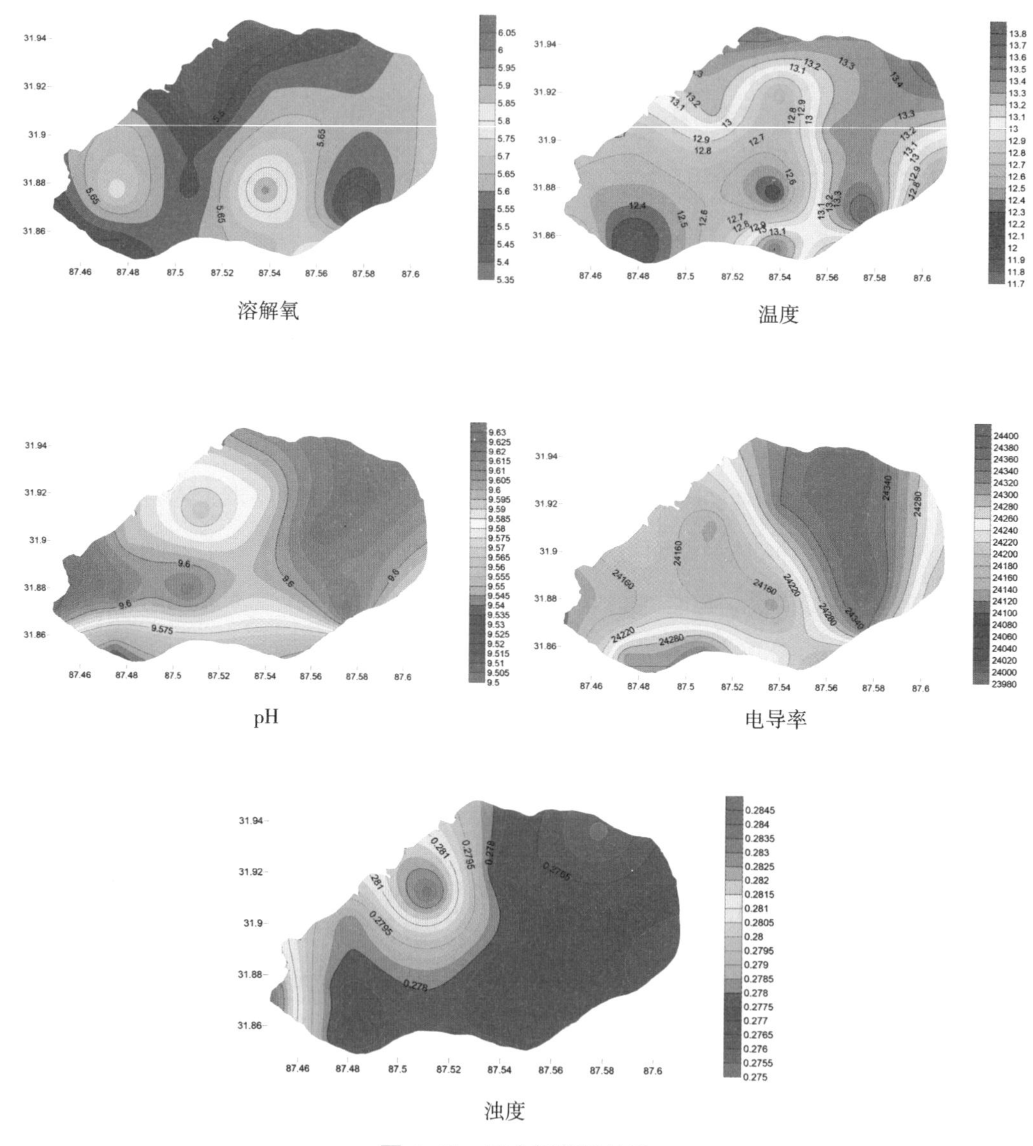

图 4-45　无人船监测结果

并且针对采样可以生成如下包含采样点坐标、时间等信息的采样报告表格（图 4-46）。

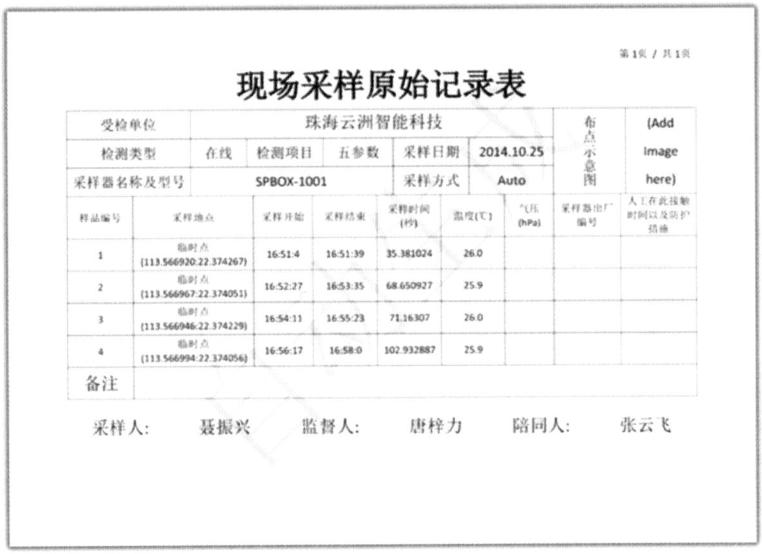

第1页 / 共1页

现场采样原始记录表

受检单位	珠海云洲智能科技					布点示意图	(Add image here)
检测类型	在线	检测项目	五参数	采样日期	2014.10.25		
采样器名称及型号	SPBOX-1001			采样方式	Auto		

样品编号	采样地点	采样开始	采样结束	采样时间（秒）	温度(℃)	气压(hPa)	采样器出厂编号	人工在此接触时间以及防护措施
1	临时点 (113.566920:22.374267)	16:51:4	16:51:39	35.381024	26.0			
2	临时点 (113.566967:22.374051)	16:52:27	16:53:35	68.650927	25.9			
3	临时点 (113.566946:22.374229)	16:54:11	16:55:23	71.16307	26.0			
4	临时点 (113.566994:22.374056)	16:56:17	16:58:0	102.932887	25.9			
备注								

采样人:　聂振兴　　监督人:　唐梓力　　陪同人:　张云飞

图 4-46　无人船水质采样原始记录表

4.5.3　暗管探测无人船 TC40/SL40 的应用

部分企业利用水下暗管排污这个监管的死角进行偷排，而我国现有的监察手段又无法及时有效地对此类行为予以发现打击。

利用无人船手段来解决此问题的优势：第一是发现水下暗管，这里面包含了目标探测和目标识别的技术，需要探测设备有较高的精度和识别分辨率；第二是实时，探测到的目标要实时地显示；第三是定位，发现目标后要精准定位位置，才能找到真正的排污口，追溯排污企业；第四是探测设备的集成和融合，水下探测设备往往体积较大，瞬间功率也较大，并对安装的角度、深度有较为苛刻的要求，无人船搭载水下探测设备需要克服自身的限制，满足这些设备的要求。

暗管探测无人船 TC40（图 4-47、表 4-5）和 SL40（图 4-48、表 4-6），可以实现水下暗管图形化监测及精准定位。暗管探测无人船 TC40 和 SL40 上搭载了水下侧扫声呐设备，通过声学回波可探测水下偷排污染的暗管图片。创造性地使用图像处理和目标识别算法对这些水下图片进行处理，基于特定目标特征值的图像增强识别算法，建立特定目标（水下排污管）自学习特征库，并通过特征识别结果与 GNSS 坐标信息及航行传感器方向信息结合，实现水下排污暗管识别。并且，船上的高精度定位定向仪能够准确定位暗管的位置，并通过自带的卫星定位系统标记排口位置，实现了水下暗管的准确位置定位。

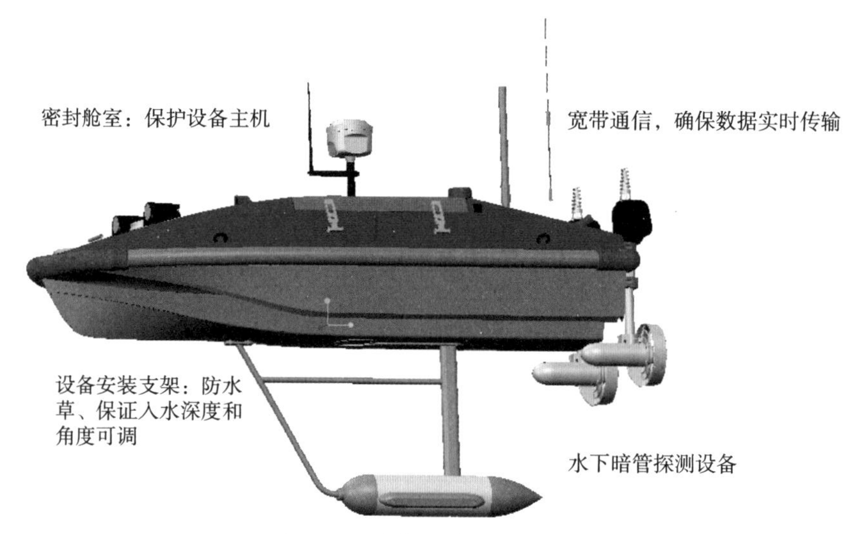

图 4-47　暗管探测无人船 TC40

表 4-5　TC40 主要参数

抗风浪等级	4 级风，1 m 浪
航速	工作航速 1.5 m/s，最高航速 2.0 m/s（高速版 5.0 m/s）
续航	3 h，1.5 m/s，2 h，2.0 m/s
最小工作水深	0.25 m
船体自重	32 kg
负载能力	14 kg
船型	三体 M 型
船体尺寸	1.60 m（长）×0.60 m（宽）×0.40 m（高）
推进形式	螺旋桨
船体材料	玻璃钢
通信	遥控 1.0 km，1.4G 自研基站 2.0 km

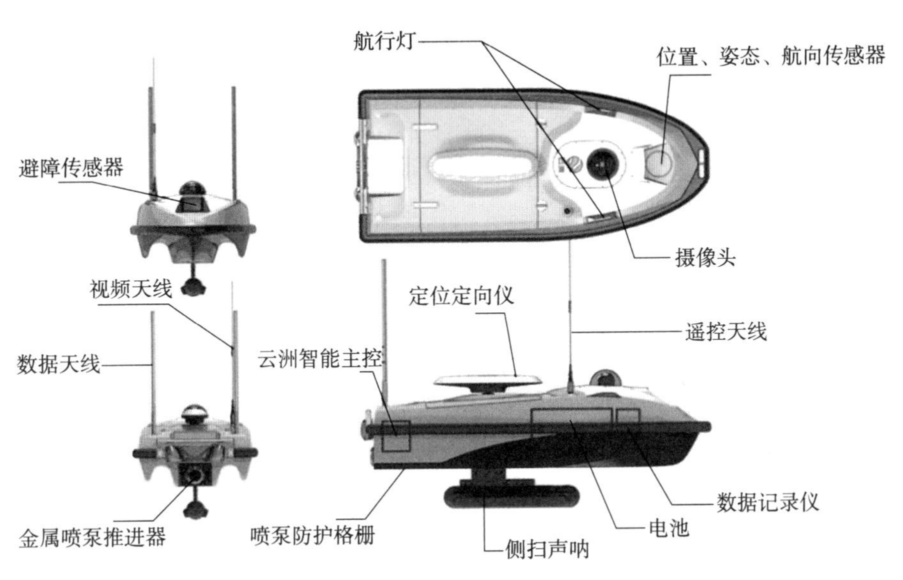

图 4-48　暗管探测无人船 SL40

表 4-6　SL40 主要参数

抗风浪等级	4 级风，1 m 浪
航速	工作航速 2.5 m/s，最高航速 6.0 m/s
续航	4 h，2.5 m/s；2 h，6.0 m/s
最小工作水深	0.20 m
船体自重	34 kg
负载能力	25 g
船型	三体 M 型
船体尺寸	1.60 m（长）×0.60 m（宽）×0.40 m（高）
推进形式	喷泵
船体材料	全碳纤维
通信	遥控 1.0 km，1.4G 自研基站 2.0 km

在船艇性能方面，TC40 采用外挂螺旋桨推进，即插即用，维修方便，适用于流速较低、无异物水草的水域环境。SL40 采用喷泵方式推进，无惧水草、渔

网等异物干扰，适用于流速大、环境复杂的水域。同时结合使用 SS30/ESM30 等采样监测无人船，能够精准地采集暗管位置的水样或在线监测暗管位置的水质参数，从而快捷地发现污染因子，找出污染根源，为打击非法排污提供了便捷有效的手段。

（1）暗管探测无人船 TC40/SL40 在水污染应急事件中的应用

2015 年 8 月，中央电视台曝光了安徽省池州市东至县千亩良田成为荒地事件，企业污水偷排入通河河道，最终流入长江，致使苯含量超标 136 倍。暗管探测无人船 TC40/SL40 参与水质调查和水下排污暗管搜寻工作，并最终找出企业偷排暗管（图 4-49）。

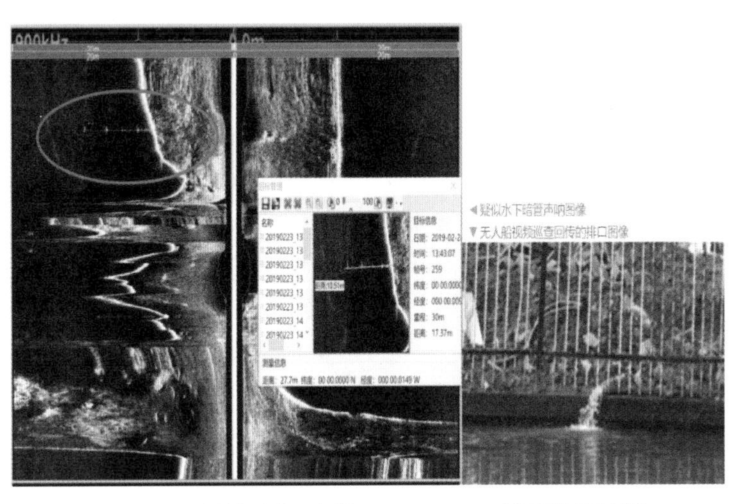

图 4-49 暗管探测无人船 TC40 / SL40 搜寻排污暗管

（2）暗管探测无人船 TC40/SL40 在长江入河排污口排查中的应用

暗管探测无人船 TC40 参与了由生态环境部组织的长江入河排污口排查整治专项行动，原环境保护部部长李干杰亲临现场了解无人船暗管排查工作。此次行动，暗管探测无人船 TC40，针对长江泰州段疑似有暗管流段进行暗管排查，并提供精确排查报告。根据现场环境情况，技术人员首先进行河面及河流两岸情况勘查，然后将暗管探测无人船 TC40 布放至河中展开排查工作。排查河段全长 2 km，河岸两侧有多家化工企业。技术人员通过声呐反馈图进行全方位科学分析判别，发现了 8 处洞口，其中疑似管道口有 3 处（图 4-50～图 4-52）。

图 4-50 TC40 监测现场

图 4-51　监测河段疑似洞口（图中红点）

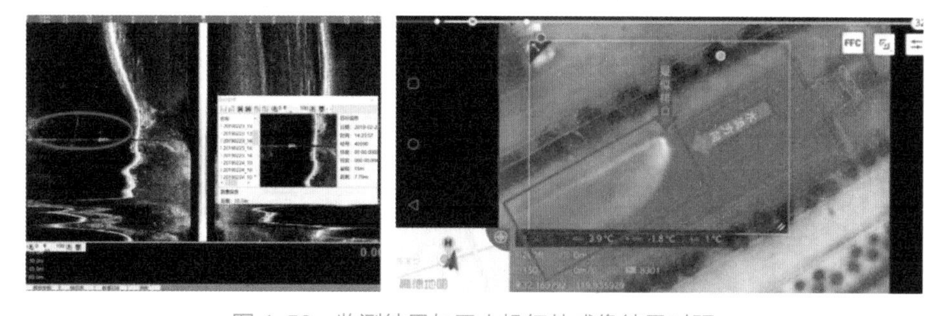

图 4-52　监测结果与无人机红外成像结果对照

4.5.4　SeaFly-01 高速智能无人艇

SeaFly-01 是北京四方继保自动化股份有限公司研制的一款高速智能无人艇（图 4-53）。SeaFly-01 无人艇的船体长为 10.25 m，船体宽为 3.7 m。此外，可根据客户的需求制造不同尺寸的该型舰艇。SeaFly-01 智能无人艇的最大航速为 45 海里 /h，最大续航里程超过 400 km。

图 4-53 SeaFly-01 无人艇

SeaFly-01 无人艇的多段式船体由复合材料制成，其船体内部空间较大，能够容纳较多的设备和载荷。此外，SeaFly-01 无人艇还可在浪高 2.5 m 的海况下航行。

扁平式、“双 M”型船体结构以及无线电吸收材料的应用显著降低了 SeaFly-01 无人艇的被探测到的可能性。SeaFly-01 无人艇装有 2 台螺旋桨式喷水推进装置。

SeaFly-01 无人艇配有先进的控制系统和自动化设备，不仅可由操作员控制其航行，还可自主沿预定线路航行。SeaFly-01 无人艇还可自主选择航行路线，规避障碍物以及自主返回基地。此外，多艘 SeaFly-01 无人艇可以组网，协同执行任务。

SeaFly-01 无人艇的承载能力为 1.5 t。SeaFly-01 无人艇的桅杆及密闭船舱安装有各种侦察设备，例如雷达、光电探测系统以及其他设备。在 50 km 范围内，可直接控制 SeaFly-01 无人艇。而在 50 km 范围外，可通过卫星通信或中国的“北斗”导航系统等间接控制 SeaFly-01 无人艇。

一个有趣的特点是，与美国全球定位系统（GPS）和俄罗斯格洛纳斯（GLONASS）全球卫星导航系统不同，中国的“北斗”卫星导航系统在卫星通信受限的情况下，可双向收发短报文。因此，在紧急情况下（如卫星通信失灵），可向 SeaFly-01 无人艇发送返航指令。

图 4-54　SeaFly-01 无人艇控制中心

4.5.5　SJ165A 水质监测无人船

（1）SJ165A 水质监测无人船

SJ165A 水质监测无人船（图 4-55、表 4-7），船体采用三体流线型设计，重心低，航行稳；采用涵道推进器，能够有效降低渔网、水草等水面杂物缠绕；采用全向双天线设计，使得船体数据传输距离更远更稳定。无人船搭载单元采用通用性设计，客户可以根据自身需求，搭载测深仪、ADCP、水质分析仪、侧扫声呐等传感器，拆卸更换便捷，即插即用。可广泛应用于河流、航道、水库大坝、湖泊等水域的地形测量、水文测量及环境监测。

图 4-55　SJ165A 水质监测无人船

（2）性能特点

①三体船，流线型船体，船体整体重心低，航行平稳，耐波性强。

②便携易用型复合材料，重量轻，可拆卸，搬运投放方便。

③涵道推进器，纯电力推进，防缠绕设计，支持倒车航行，推进器与船体底部齐平，布放与回收方便。

④智能化系统自主导航，定位及停留准确，自主规划航行路径，支持主流操作系统。

（3）规格参数

表 4-7　SJ165A 水质监测无人船规格参数

船体平台	尺寸 /mm	1 650 × 680 × 500（长 × 宽 × 高）
	船体重量	35 kg（空重）
	吃水深度	0.13 m
	船体材料	新型高强度碳纤维玻纤复合材料
	船体设计形态	三体船型设计、重心低、阻力小、航态稳
	抗风浪等级	4 级风，2 级浪
动力参数	续航时间	4 h，2 m/s
	航速	最大 4 m/s
	动力装置	双涵道推进器，便于维修保养，具有防水草渔网缠绕设计
	电池类型	50 Ah/24 V 聚合物锂电池，无线充电（可选）
	方向转向控制	无舵机差速转向、倒车功能
航行控制	航迹跟踪精度	1 m
	航向控制精度	± 1°
	航速控制精度	0.1 m/s
	功能	航线规划、航点航行、自动返航、自主避障（可选）
助航功能	避障	雷达避障（可选）
	视频	高清摄像头，实时传输

续表

岸基参数	操作系统	Windows
	通信模式	船只采用无线射频点对点的方式与地面基站和遥控器进行通信
	通讯距离	开阔无遮挡地段最大通信距离 1 km
	导航模式	手动或自动，任意切换
	功能	上位机航迹规划，航行数据处理、显示和任务调度
遥控指标	通信方式	点对点传输
	作用距离	2 km
	功能	实时切换工作模式、控制船速、转向等功能，实时显示无人船基本信息
作业单元	搭载设备	可搭载单波束、ADCP、水质分析仪等设备，可拆卸更换，可预留扩展接口

（4）应用

武汉东湖港综合整治工程是武汉市国家“海绵城市”建设的试点工程、武汉市“四水共治”重点建设项目。利用无人船自动完成东湖港渠水下地形测绘和水质综合监测，巡测结果上传武汉水务监控中心动态展示（图 4-56）。

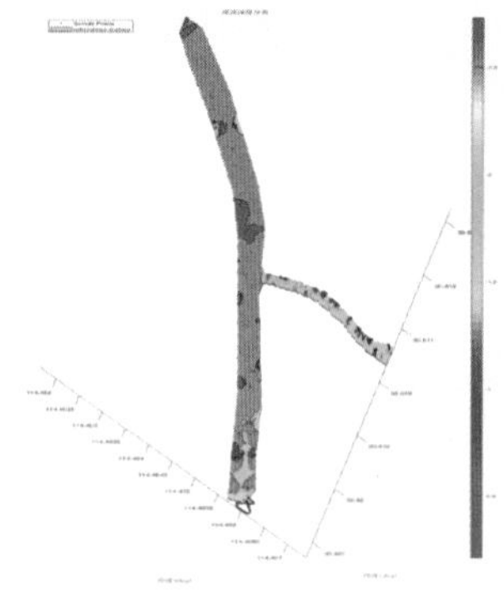

图 4-56　SJ165A 水质监测无人船应用案例

武汉墨水湖，属于汉阳东湖水系中的浅水湖泊，根据湖泊的大小，制定了400 m 的测点间距，搭载了七参数水质检测仪和单波束测深仪，配置了一船一船坞，实现了水域全覆盖的全天候水质监测，为水环境管理提供了有力的数据。

5

海洋环境自动监测平台

海洋环境监测平台技术主要是指以海洋环境监测为目的，为满足海洋环境监测所需的传感器以及仪器装备工作条件和使用环境而提供的不同平台技术。海洋环境监测平台主要包括岸基平台、海床基平台、水下移动平台、天基和空基平台、船基平台、浮标和潜标平台等，它们均是实现海洋监测的平台和载体。

海洋平台由最初的岸基台站、船基平台，逐渐发展到锚系浮标，现在发展到潜标、海床基、水下移动平台、天基和空基等技术。大部分平台的技术已经较为成熟，已成为海洋环境监测的重要保障，在海洋环境监测的业务化运行方面发挥着重要作用。

5.1　岸基站台

岸基站台技术是一种海洋环境监测技术，常用于沿海海滨或近海岛礁的潮汐、海洋气象、波浪、海流和温度观测，是发展较早、应用较成熟的海洋环境监测平台技术之一。

岸基站台常常分布于沿岸、岛礁、灯塔、码头等位置，执行潮汐、气象、水文等的监测任务。一些岸基台站上配有高频次的监测雷达，可以实现自动化无人监测，可以覆盖大面积的监测范围。岸基站台可以与其他监测技术、监测平台共同组成国家或地方的监测网络，执行潮汐、气象、波浪、水温和海流等的监测任务。

当前世界上美国、欧洲等国家（地区）的海洋岸基平台监测技术较为先进，我国岸基台站技术相对也很成熟。基台站技术具有功能较全面、工作时间长、维护成本低等特点，具有较强的可靠性。我国岸基台站主要建设在沿海岸线的岛礁、港口、码头等地方，执行水文、气象、波浪、海流等的监测任务。

5.2　浮标和潜标

5.2.1　浮标

浮标主要包括锚系浮标和漂流浮标。锚系浮标是一种小型浮标，可以对水文、气象、海流等要素进行自动连续采集。锚系浮标体积小、重量轻、不受人为限制，技术相对成熟，可以实现持续采集数据，并能够长期稳定的监测数据，是采集海洋环境、气象、生态因子的主要技术平台之一。

随着海洋监测需求的发展，现在的锚系浮标产品，种类齐全、监测项目较齐全、体积更加小巧，可以应对不同的专业用途，在不同的海洋环境中具有较强的适应能力。以美国国家资料浮标中心研制的锚系浮标为例，其主要有 3 种：大型圆盘浮标、中型浮标和小型浮标。大型浮标是指大型圆盘浮标，直径约为 12 m，用于几百米至几千米深的海域；中型浮标包括圆盘形和船形，直径约为 6 m；小型浮标多为圆盘形，直径约为 3 m，主要用于近海监测。近年来，锚系浮标技术在电源供电时长方面得到了较大进步。美国、欧洲、韩国等国家（地区）相继研发了波浪能发电、太阳能等混合供电的新型能源浮标。

漂流浮标技术主要依托拉格朗日漂流技术。漂流浮标技术使用方便，容易投放，成本较低，耐用。当前，漂流技术的发展方向是根据需求进行的定制化制造，以满足各种不同的、有针对性的应用需求。为满足气象需求，进行研制多功能的气象漂流浮标，可测量气压、风速、风向、表层水温等指标，并实现 GPS 定位。

5.2.2 潜标

浮标是一种对海洋环境开展的长期的、连续的、定点的监测技术手段。对潜标技术的研究始于 20 世纪 60 年代，我国在该领域发展较晚，关键的核心技术未有明显突破，美国、俄国的研究水平处于领先地位。早期的潜标是在系留系统上分层悬挂各类传感器，潜标常常位于水面以下，其隐蔽性好，不容易损坏，可以实现多层次的监测。当下的潜标可以实现在水下的上下运动、海洋剖面的实时观测等功能，常见的新型潜标技术主要包括水下绞车式潜标、电机驱动式潜标、净浮力式潜标等技术。电机驱动式潜标和净浮力式潜标的技术水平处于较高，水下绞车式潜标技术可实现在 500 m 波浪海况下系统工作正常，并进行数据传输的目标。

5.3 海床基

海床基技术是一种海底平台技术，其技术核心包括平台的布放、平台的回收、数据传输通信等技术，海床基技术可以搭载多种传感器，对海底环境进行海上布放、回收、原位观测、监测、预警等作业。海床基在对海底的作业，具有工作持续、生存稳定的特点。经过几十年的发展，目前海床基技术已基本成熟。当前市场上已有多种海床基平台产品，这些平台尺寸和重量都较小，结构相对简单，行动灵活，操作方便。深海的海床基产品正在向模块化发展，模块之间可通过水声进行通信，突破了空间范围对海床基技术的限制。

美国、欧洲等国家（地区）的海床基技术的研究较早，我国对海床基技术的研究起步相对较晚。美国研发的海床基系统，可以搭载精密监测设备和水面气象浮标开展海啸监测与预警，可以实现将海底观测系统布放，可以在深海进行海底观测，可以通过仪器监测海底火山活动。欧洲等国家研制的海床基技术，通过搭载沉积物捕捉器、浊度计、海流计等设备，用于开展深海水动力和沉积作用研究。目前，我国一些高校及研究机构已形成对海床基研发示范，开发出的新技术在该系统中得到了验证和技术推广。

5.4 海洋水下移动平台

海洋水下移动平台是指在海水中一定深度，可以自由行动，可以搭载相关的监测设备，并且执行一定操作任务的平台设备。目前，海下移动平台技术由于其灵活、机动的特点而得到了广泛的关注。当前常用的海下移动平台主要包括自治式水下航行器、水下滑翔器、无人遥控潜器、自持式剖面探测系统等。

5.4.1 自治式水下航行器

自治式水下航行器是一种水下移动式平台，可以搭载侧扫声呐、成像声呐等复杂传感器或仪器，可以自主设定航线、实现自主航行。自治式水下航行器多用于水下指定目标区域的海洋环境监测，具备较高机动性。

国内外的学者对自治式水下航行技术已有较多研究。美国、欧洲、英国等国家（地区）的研究已较成熟，产品占据了主要市场，产品已有100多种类型，产品性能较稳定。国外的自治式水下航行技术，可以形成大型自治式水下航行器，续航能力可以达到 2 000 km，可以实施任务部署、设备回复、载荷、各种信息和数据的收集和传输，水下和海下目标的追踪等任务。我国研究机构研制的自治式水下航行器，也可以实现在深海下的自主航行，可以实现水下 6 000 m 处全天的自主航行，距离可达 100 km，也可以搭载浅地层剖面探测仪等仪器设备。

自治式水下航行器技术在未来的发展方向，除了续航、速度、结构、隐蔽性等方面的技术升级以外，还向仿生鱼航行器、多功能新型自治式水下航行器、大型潜水员输送自治式水下航行器等方向发展。

5.4.2 水下滑翔器

水下滑翔器是另外一种水下移动式平台。水下滑翔器是一种以浮力为动力的自治式观测平台，水下滑翔器在水下以锯齿形的路线行驶，通过搭载水温、水深、盐度以及其他指标参数的传感器，可以在大范围的海水环境中进行水环境观测及监测。

美国、欧洲等国家（地区）最早开始水下滑翔器的研发，目前技术较成熟，并且已形成了产品并形成应用，适用于气象预警、环境溢油事故追踪等。以美国研发的波浪能滑翔器为例，波浪能滑翔器技术主要是利用波浪和浮动作为能源，主要技术组成包括电源供给技术、导航技术、姿态平衡控制、续航能力、海况适应能力。波浪能滑翔器在水面上由波浪起伏带动产生上下运动，还有由改变自身净浮力产生的升沉运动。这两种运动作为波浪能滑翔器的升力来源。我国目前已经基本掌握水下滑翔器技术，初步实现了实用化装备水平。我国学者研发的水下滑翔器，可以实现在水下 1 500 m 深度工作，续航时间可以达到 40 天，航程可以超过 1 000 km。

未来，水下滑翔器将朝着混合推进、更强持续力、搭载更多传感器、控制性更强等方向发展。

5.4.3 无人遥控潜器

无人遥控潜器是一种水下观测作业的平台。在人工控制下，无人遥控潜器通过电缆与母船连接获取能源的获取和控制信号的连接。无人遥控潜器在较深的海洋环境中或危险的区域进行作业时，具有较强的适应性，优势明显。

目前，国外无人遥控潜器领域的研究较先进，技术成熟的国家（地区）主要是美国、欧洲及日本等，无人遥控潜器的工作水深可达到 40 m。我国高等院校研制的“海马”“海龙”等无人遥控潜器，其作业水深可以达到 5 000 m 和 10 000 m。

未来无人遥控潜器将向更深海洋环境下发展，要能适应更复杂的水下环境，承载更大的负荷，完成观测、监测等任务，期待实现全海深探测和作业，目前正处于实验测试阶段，尚未得到推广应用。

5.4.4 自持式剖面探测系统

自持式剖面探测系统也是一种海洋环境自动监测平台，又称地转海洋学实时观测阵浮标。自持式剖面探测系统可以在海洋中自由漂移，可以在海洋中自动探测海水温度、盐度、深度、速度、方向，可同时跟踪其漂移轨迹。自持式剖面探测系统起源于国际地转海洋学实时观测阵计划。

目前，国际上自持式剖面探测技术研究发展迅速、已趋于成熟，而我国自持式剖面探测技术的研究与制造起步相对较晚。国际上先进的自持式剖面探测技术的数据传输方式已由单向通信扩展到可选的双向通信。自持式剖面探测系统装载的传感器由早先的温度、电导率（盐度）、压力等基本参数传感器，扩展到了溶解氧、叶绿素、硝酸盐等生物、化学传感器，还可额外再加载辐射计和透射计以及水听器等仪器。目前，全球范围的地转海洋学实时观测阵系统大约有 4 000 个，构建成了全球海洋实时观测阵浮标观测网，有效地支撑了全球海洋监测与观测工作。我国也已经研发出了多种型号自持式剖面探测系统，可以实现 100 个 2 000 m 潜深剖面的观测。

未来，自持式剖面探测技术将在提高可搭载传感器能力、提高探测技术稳定性、提高探测技术准确性等方向发展。

5.5 天基和空基

天基和空基是一种海洋环境实时监测的平台，主要指利用海洋卫星、海上航空器、无人机对海洋环境进行实时监测。

5.5.1 天基平台

天基平台主要指海洋卫星。从功能上来看，海洋卫星主要包括海洋光学遥感卫星、海洋微波遥感卫星、综合观测型海洋卫星。

海洋光学遥感卫星主要是指用于探测海洋光学参数，如叶绿素、悬浮泥沙、有色可溶有机物等水质与生态环境信息的卫星，海洋光学遥感卫星也可获得水下海冰、海水污染等海洋环境信息。

海洋微波遥感卫星是最主要的大范围、长时间序列、实时遥感观测平台，主要是用于获得海洋环境参数，包括海面风场、海面高度场、浪场、海洋重力场、大洋环流和海表温度场等。

此外，还有一些综合观测型海洋卫星，它们可以同时实现海洋光学遥感和微波遥感功能。

近年来，国际上很多国家已相继发射多颗海洋卫星，包括搭载有水色成像仪的新型海洋光学遥感卫星、海洋微波遥感卫星和海洋综合探测卫星等，探测范围已涵盖全球海洋。我国共发射了 2 颗海洋水色卫星，即 HY-1A 和 HY-1B，主要承担海洋水色、水温环境监测任务，但目前 HY-1A 已失效。HY-1B2 海洋动力环境监测卫星上，搭载了雷达高度计、微波散射计和辐射矫正计等仪器，实现了全天候、全天时连续探测海洋风、浪、流等海洋动力环境信息的能力。

未来，海洋卫星技术将朝着搭载仪器装备更加多元化、续航时间更长、搭载负荷能力更强的方向发展。

5.5.2 空基平台

空基平台主要指海上航空器、无人机。海上航空器、无人机是近年发展起来的一种海洋环境监测空基平台，具有低成本、高时效、强机动性等特点。空基平台上可以搭载多种海洋环境监测设备，有效弥补了天基、海基和地基探测能力的不足。

目前，世界各国越来越重视无人机在海洋探测中的应用，无人机技术的研发速度显著、优势明显，各国都在积极研发新型海上无人机。

我国也十分重视无人机的研发及其在海洋环境监测中的应用，我国在无人机上的研究水平与世界先进水平较接近。我国自主研制的无人机，续航时间可以达到 30 h，拍摄分辨率可实现 0.05～0.20 dm。

天基与空基平台是探测海洋中各类环境要素的重要工具，是海洋环境监测不可或缺的平台。未来，平台所搭载的各类传感器技术将朝着更加多元化、平台运行能力更长等方面进一步开展。

5.6 船基

船基即指船舶海洋平台，船基海洋监测是指以船舶为平台，通过搭载各类传感器进行海洋环境监测和探测。海洋环境监测平台主要包括海洋调查船、科学考察船、地质勘察船、海洋监视船等，这些船舶具备长时间续航能力，可以承载大容量的负荷，灵活机动性强。

近年来，许多海洋发达国家都在陆续建造大型、现代化的海洋科学综合调查船，调查船上多搭载先进的监测、探测设备，如多波束测深系统、侧扫声呐等设备，有的科考船上甚至搭载了船载实验室。

欧洲发达国家拥有众多技术先进的科考船，仅法国海洋研究与开发中心就拥有7艘海洋科考船。俄罗斯也有近百艘科考船。美国拥有数量最多的各种规模的科考船、调查船，航线遍布全世界范围，此外美国还有240余艘海上志愿船，形成了船基海洋环境监测能力网络。我国拥有数十艘海洋调查船，船上主要搭载了流速剖面仪、测量仪、船载拖曳系统等设备，在搭载仪器装备方面存在较大差距。

未来船基的发展，主要围绕传感器和其他搭载设备的升级，以及测量船的研发工作。船载海洋环境监测传感器及相关监测装备的研发，将向着更高精度、更好的稳定性、更高可靠性方向研究。无人测量船在未来有很广阔的应用环境，应研发功能更加多元化、测量精度更准确、环境适应能力更强的无人测量船。

5.7 海洋探测无人船 M80 在海洋环境监测中的应用

2017年年底，由云洲智能联合中国人民解放军海军测绘研究所、国家海洋局南海调查技术中心研制的“极行者”海洋探测无人艇M80（图5-1、表5-1），伴随“雪龙”号极地科学考察船一路向南，远赴位于罗斯海西岸的难言岛（恩科斯堡岛），出色地完成了中国第5座南极考察站建站的锚地水深地形测量工作。

图 5-1　海洋探测无人船 M80“极行者”外形

表 5-1　M80 主要参数

海况等级	工作海况 2 级，生存海况 4 级
航速	工作航速 6 海里 /h，最高航速 12 海里 /h
续航	200 h，6 海里 /h
排水量	1 450 kg（不含燃油）
负载能力	200 kg
船型	三体深 V 配合 SSB 穿浪球艏设计
船体尺寸	5.65 m（长）× 2.40 m（宽）× 2.90 m（高）
推进形式	柴油机 + 喷水推进
船体材料	铝合金
通信	遥控 1 km，基站 10 km
设备供电能力	750 W
配备	配有湿端升降机构

“极行者”无人艇历时 14 h，完成了 5 km^2 海域多波束全覆盖海底地形测量，不仅填补了该区域的数据空白，也为船舶航行和新站建设提供了基础空间地理信息数据支撑。“极行者”无人艇充分考虑各船型任务载荷的原理、结构、工况要求等，坚持走创新之路，实现多项技术突破。该无人艇采用三体船型设计，在稳定性、耐波性等方面表现出色。同时采用特殊设计的“穿浪式”球艏，不仅能有效减少船舶纵向晃动，也有助于降低航行时艏兴波产生的水花、气泡对船体搭载声学探测设备的干扰，更好地保证测量数据质量（表 5-2）。

表 5-2 M80 可搭载设备

推荐搭载设备	
名称	型号
单波束测深仪	Odom Echotrac CV200/CV100 海鹰 HY1601/1602 南方测绘 SDE-18
多波束测深仪	Reson T20 Reson 7125 R2sonic 2024 Kongsberg EM 2040P
ADCP	Son tech M9/S5 RDI 瑞江 Linquest Nortek
侧扫声呐	L3 Klein 4900 北京蓝创 Shark 系列
前视声呐	BlueView M-450 Kongsberg M3 Didson 双频
水质在线监测仪	哈希 DS5/MS5 YSI EXO 系列 先河 XHFP/XHMP
浅地层剖面仪	Odom Chirp III Innomar SES-2000

5.8 海洋高速无人船 M75 在海洋环境观测中的应用

香港科技大学和云洲智能公司开发的高速海洋无人船 M75（表 5-3）搭载 YSI EXO2 多参数水质仪（可测量盐度、温度、压力、叶绿素及溶解氧）、ADCP 等物理及生化仪器进行海洋环境自动观测。目的在于评估无人船海洋观测的可行性，考察无人船自身在搭载不同仪器以及在不同海洋环境中的工作能力，同时验证了不同仪器在无人船上的运行状况和数据质量。

表 5-3 M75 主要参数

海况等级	工作海况 3 级，生存海况 4 级
航速	工作航速 20 海里 /h，最高航速 30 海里 /h
续航	4 h，30 海里 /h
排水量	1 250 kg（不含燃油）
负载能力	200 kg
船型	单体深 V
船体尺寸	5.30 m（长）× 1.72 m（宽）× 2.85 m（高）
推进形式	柴油机 + 喷水推进
船体材料	碳纤维复合材料
通信	遥控 1 km，基站 10 km
配备	具备自扶正能力

整个实验顺利进行，无人船与搭载的仪器均正常工作。无人船方面，测试了自动导航驾驶以及手动控制驾驶；仪器方面，利用母船的无线局域网进行实施监控及操作，所有功能均稳定和正常。经过一整天的海试，双方均认为完成了预定的测试内容和目标（图 5-2）。

该次任务从珠江口西侧的云洲智能码头出发，沿着 L 断面以不超过 6 海里 /h 的航速（ADCP 最高可接受航速）行进，到珠江口东侧 L 断面最后一个站位（L5）后原路返回（航迹见图 5-3）。中间在每个站位（L1～L5）停泊 10 min（对比开船和停船时 ADCP 的表现）。在本次应用中，ADCP 安装在船首，EXO2 安装在船侧（左舷）。

图 5-2　海试现场工作照片

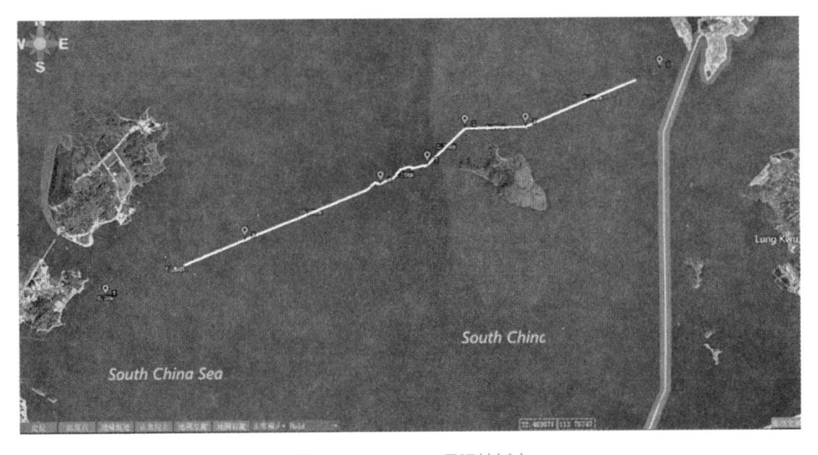

图 5-3　M75 观测航迹

现场海试工作完成后，对仪器采集的数据进行了分析处理，初步结果显示数据质量较好，数据分布及变化合理，实验结果符合预期。具体数据结果如图 5-4 和图 5-5 所示。

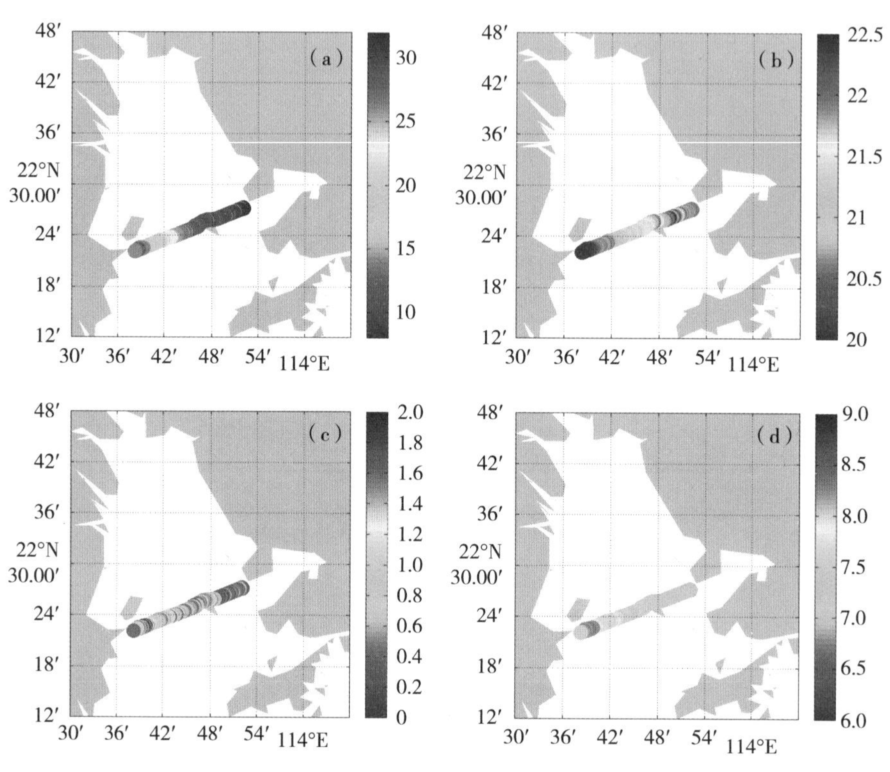

图 5-4　表层（a）盐度、（b）温度、（c）叶绿素及（d）溶解氧沿观测断面分布（去程）

数据较好地反映了冬季珠江口的理化性质及河口环流状况。由于无人船船体为非金属材料，安装 ADCP 的支架为铝合金材质，对 ADCP 的干扰非常小，因此该实验中的 ADCP 走航数据质量尤为理想（图 5-6）。

此次海试取得了阶段性的成功，不但很好地测试了无人船的现场工作性能，也验证了不同海洋仪器搭载的可行性。实验结果表明，无人船导航精确、控制有效，各种仪器工作正常、采集的数据质量良好，部分指标更优于传统的科考船。使用无人船进行海洋环境调查研究是提高海洋观测质量和效率的有效手段，具有广阔的应用前景。

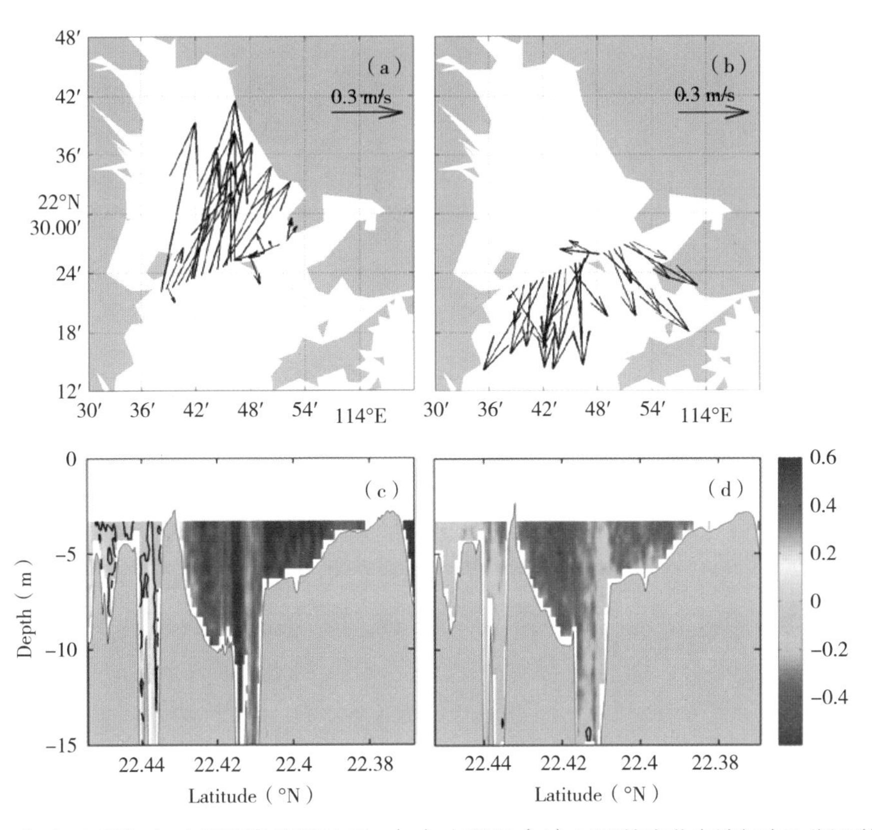

图 5-5 （a）去程和（b）回程的表层流场，（c）去程和（d）回程的南北向流场在 L 断面的分布

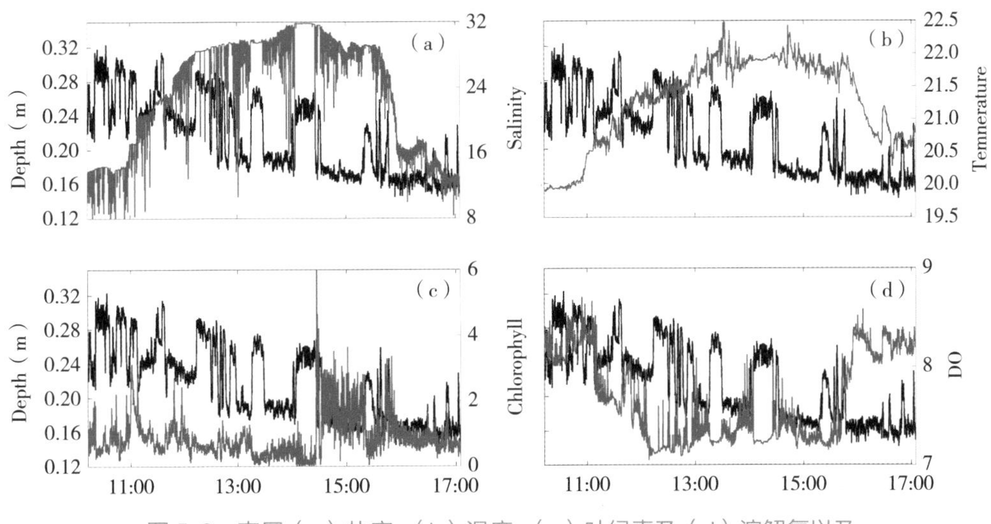

图 5-6 表层（a）盐度、（b）温度、（c）叶绿素及（d）溶解氧以及

传感器深度随时间变化（注：红线代表各个变量，黑线代表传感器在水下的深度）

6 水生态智慧监测技术

现阶段水环境监测中，常规的水质监测技术已逐渐不能满足应用需求。2005 年，松花江发生重大水污染事件，当地环保部门对水污染带进行高频次监测，采样频率高达半小时一次，当时正值浮冰期，采样船只只能在浮冰间航行，几次与浮冰相撞。随着我国环保工作的开展与进步，环保对先进监测技术手段的需求也越来越迫切。

6.1 基于生物传感的水环境监测技术

6.1.1 生物传感技术概述

传统的生物监测主要是评价水环境中生物或者群落的改变对环境产生的影响，并从生物学的角度对这种影响进行分析和监测。

越来越多的学者将生物技术和电子技术结合在一起，进行生物传感器的研发。生物传感器是通过将微生物固定在膜上，基于氧和二氧化碳的组合电极，将膜上的电位变化转化为电信号，形成一个转换器，对化学物质进行测定。目前，生物医学领域已出现较多生物传感器产品，主要用于生物医学的快速诊断和代谢状态的诊断。

生物传感器还可以用于环境污染物和有毒物质的评估，对检测结果的评估具有一定的参考作用。此外，基于矩阵特异性等性质，生物传感器还可以对化学物质进行定量检测。国外相关案例证明，使用生物传感器可以有效监测废水中有毒物质的生物需氧量。国内一些科研院所也在进行这方面的研究，将从活性污泥中得到的微生物固定在氧电极表面，通过呼吸性测定的方式，检测传感器上电信号的变化，显示废水的生物需氧量。

生物传感器还可以实现对废水中氨、硝酸盐和亚硝酸盐等的实时在线监测，这些盐类对海洋生物的生存也有一定影响。氨、硝酸盐、亚硝酸盐等生物传感器，属于全细胞生物传感器，主要用于宽污染光谱的环境监测，常用于海洋环境监测的应用研究。此外，将硝酸盐和亚硝酸盐还原菌与氧、氢电极结合，研制成一种用于污染物检测的生物传感器。这海洋环境监测的一种新的、实用的环境监测手段，具有低成本、容易制作、在线检查和测试系统大幅简化等优点，因此逐渐受到海洋环境科学家的关注。

除了生物传感器外，我国相关研究部门开发了一种生物生理传感器，用于监测污染，该传感器可以更加快速获得环境信息。该传感器利用两种海洋贝壳的生物生理特性，用于监视环境的模具寿命约为 10 年，是世界上传感信息最快的物种之一。当水体中溶解氧含量低于 4 mg/L、氮含量较低的条件下，该物质广泛分布，具有抗药性，并可在短期内生活。

生物传感器作为一种便利的技术工具，以发展迅速、高灵敏度、低成本的特点，被应用于海洋环境监测系统中。未来，将会有越来越多的生物传感器被应用于海洋环境监测中，保护海洋的开发和利用。

6.1.2 生物检测的原理

水生态环境中的各种微生物之间存在着一种制约和平衡的关系，一旦环境遭到破坏，制约和平衡关系就会被打破，生物也会因此产生相应的反应。因此，可以利用水中生物的变化和反应判定水环境污染的类型及污染程度，通过不同的方式判断相关的环境污染问题。

生物传感器研究属于生物电子学领域，生物传感器的原理是通过将微生物固定在膜上，并装载不同组合的电极，生物受到环境影响发生反应，导致膜上产生电位的变化。膜电位变化被转化为电信号输出，形成一个转换器，通过不同的信号反应对化学物质进行测定。

6.1.3 生物检测法的分类

生物检测是指在对环境污染进行检测和评定的过程中，通过生物种类和类型的变化来判定污染对环境的影响。目前我国常见的几种生物监测方法主要包括理化监测法、生物监测法和毒理学法。理化监测法主要是采用物理、化学的方法对数据进行直接采集和分析；生物监测法可以从生物的细胞分子到整个生物的变化情况进行简要分析，能够利用生物对环境变化的过程，将所采集到的信息进行多元化的测量，从而可以得到一种新型的检测结果。生物监测法主要包括生物指示法、生物累积法、生物毒性法等。这些方法效果较好，是当前比较有效的检测方法。此外，毒理学法是利用一种有毒的物质对其他物质进行检测，运用对比的方式，检测出生物是否带有较大的毒性以及某个环境中所含的毒性指数。生物检测方法相对比较安全和实用，能够将环境污染的具体情况体现出来，而且检测结果相对准确。现阶段运用生物监测技术相对较多。

（1）理化监测法

理化监测法直接采集相关的数据信息，并将其作为环境污染和评价的依据。但是这种监测技术一般是短期的，不可持续的，往往只是为了监测水质的某些时刻的发展状况，其全面性和预测性方面远远比不上其他的监测方法。

（2）生物指示监测法

生物指示法主要是对水体中的生物进行观察，从生物的增减情况来评估和判断水环境的质量。如果在某一个区域内的水环境中，有某种或者多种生物出现大量的死亡、减少情况，则可以反映出该区域内的水环境以及受到严重的污染。以鱼类为例，可以根据鱼类数量的增减、活动的规律、鱼群的走向来判断水环境的变化情况。绝大多数的鱼类都具有避让危险的能力，如果水环境中有有毒物质，鱼类会游向水质更好的水域。通过生物指示法可以对水环境质量做出更为直观的判断。如果发现水环境出现问题，再对此区域水环境进行进一步的检测，以获取更加准确的监测数据。

（3）生物累积监测法

重金属、农药等污染物很容易与水融合，如果使用常规的监测方法取得的效果并不理想。生物累积监测法是利用水生生物的食用、吸收来汇集水中的污染物，污染物进入生物体内不断地累积，工作人员就可以通过检验水生生物体内污染物的积累程度来对水环境是否存在污染、主要污染物质、污染程度进行判断此种方法在水环境监测中应用。此方法操作方便，可以对水环境污染情况进行简单直接的判断，采取有效的应对措施对水污染情况进行防治。

（4）生物群落监测法

水中微生物多以群落的形式生存，此种方法就是对生物的种群进行检测。通常会对监测水域内的微生物群落分布建立数学模型，采取生物指数法、多样性指数法等数学方法来进行分析和判断。数学模型的建立需要以该水域的水质情况为建立的基本条件。通过对水中微生物群落的检测来判断水污染的情况。

（5）生物毒性监测法

如果某水域中存在污染，直接会影响水中生物的机能，污染程度越重，其对生物的生理机能影响也就越大，甚至直接造成水中生物的死亡。因此，生物毒性监测法也可以称为生物机能监测法。生物毒性的监测最常用的方法即发光细菌法，对于生物体内的细菌情况，利用灵敏光学进行检测分析，观察生物体内的毒性。如果水中生物体内毒性表现大，生理机能受损严重，则表明水质存在严重的污染，需要采取进一步的检测。

6.1.4 生物检测的优势

相比理化的检测技术，生物检测拥有较大的优势，其有一定的提示作用而且综合性较强。通常情况下，水环境受到物质的污染，并不是立即产生变化，而是有一个缓慢的变化过程，生物检测可以观察到细节的变化。理化检测方法对环境有一定的影响，而且检测数据不够精准。生物检测技术能够将数据精确显示出来，而且在水环境受到破坏时，生物检测可以提前查出相应的问题，并针对问题做出有效的解决措施。生物检测在成本费用上相对较低，而理化则需要较高的成本，并且效果并不理想，生物检测在维修和保养期间，需要的设备也相对较少。

6.1.5 生物检测技术的应用

（1）微生物群落监测的应用

这种生物监测方法在水环境监测中应用时间早，应用时间长，是使用率最高的监测方法之一。此种方法主要是对水体中的微生物、藻类、原生动物、真菌类的群落分布、群落规模数量、出现频率、发展趋势等情况进行检测，利用数学统计来计算其群落分布指数，以此作为水环境质量的评估判断依据。微生物群落监测法随着生物技术的发展进步而不断更新升级，指数多样化，增加了多项生物学参数。在我国，此种监测方法应用广泛，适用性良好。特别是近几年，数学分析被广泛应用于微生物群落监测法中，使得监测质量有了明显的提升。计算机技术的应用，配合数学分析使得生物群落各项参数的获取和研究更加深入、更加准确，促进了生物群落监测法在更宽广的范围内应用。

（2）在线生物监测的应用

在线生物监测法是一种新型的生物监测系统，水环境中的活性生物在生存与活动的过程中会产生特有的生物信号，该系统即是通过对生物信号进行监测来达到监测水质变化的目的。生物信号监测系统应用在专门设置的生物监测室中，对生物信号进行分析，对水质进行一段时期内的持续监测。这样就可以实时掌握水质变化的情况，便于及时地采取有效措施进行应对，达到水污染防治的目的。在生物监测室中，通常会设置有信号报警系统，当有意外情况发生时，报警系统会自动发出警报，便于及时处理。因此，此种方法对于水资源的保护有很大的作用。

例如，底栖动物和两栖动物监测。底栖动物和两栖动物也是常见的生物监测指示动物，通过观察它们在水体中出现和消失的数量，可以实现水质监测。发达国家已将 BI（Biotic Index）指数等列为重要的水质生物评价指数，我国相关学者对底栖动物监测在水环境污染监测中的应用展开研究，发现提高数据采集频率可以增强监测指数的可靠性和合理性。

（3）SOS 显色法的应用

SOS 显色法是一种遗传毒性监测方法，早在 20 世纪 80 年代就开始应用，这种方法是对有毒微生物的 DNA 进行严重的破坏，限制生物的正确复制。例如大肠杆菌在 DNA 分子被破坏的情况下会发生错误修复反应，我们称为 SOS 应答。这种方法应用简单、反应快速、监测效率高，而且灵敏度很高，相较于其他方法监测数据更加准确，可信度更高。

（4）生物传感器的应用

生物传感器的应用也具有普遍性，利用生物传感器，对水体中硝酸盐的含量、生物需氧量、酚类物质、残留农药等进行有效的检测。其中生物需氧量是水环境监测中的一项重要监测数据，它可以直接反映出水环境是否存在污染以及污染程度的轻重。生物需氧量的变化会影响水中微生物的呼吸，而呼吸的变化可以通过微生物传感器的电极来进行测量，并以电流信号的形式进行传导，我们可以根据电流信号的强弱变化来获得生物需氧量的变化情况。生物传感器具有良好的灵敏度，而且能够实现水环境的实时监测，重现性和良好的稳定性。

（5）生物行为反应监测

生物行为反应监测技术根据特定生物在水环境中的行为反应，评价水环境污染程度和类别，锁定水体污染范围。在水环境中，污染物浓度超过一定指标时，部分生物将在短时间内做出行为反应。以斑马鱼为例，它是一种对水质极为敏感的热带淡水鱼，若水环境出现严重污染，它将快速做出激烈的行为反应，如鱼鳃无规律加快呼吸、异常活动或死亡现象。斑马鱼反应越激烈，则水环境污染越严重。目前，斑马鱼是监测水环境污染的重要指示生物。

（6）营养盐的检测

由于氮、磷、硅等植物营养物质浓度过高，水质富营养化会加速水生生物特别是藻类的大规模扩散，改变生物群落结构，破坏生物多样性。早期监测营养物含量，特别是硝酸铵和磷酸铵的含量，都是溢油预警的关键。亚硝酸盐酶传感器主要使用还原硝酸盐和亚硝酸盐，受可用性和组成限制，硝酸盐和还原性固氮酶可从许多生物源中分离出来并用于此。

（7）生物物种检测

生物传感器及其相关生物传感器的迅速发展，扩大了其在微生物多相分类环境科学中的应用，特别是在鉴别物种和适宜行为方面发挥着重要作用，积极参与分子系统和生物资源的开发，致力于微生物多相分类环境科学的研究新生物群的发现和发展。

该系统的主要目标是利用基因技术来确定海洋微生物的作用。远程探测含水层微生物可以实时检测和识别分子。该系统的自动开发不仅节省了大量的资金，而且大大降低了海洋生物研究的成本，为海洋生物检测研究提供了技术支持。

微生物的数量会影响环境。当微生物数量超标时，就会影响环境。生物传感技术被用来测量生物体的数量，主要通过电极和辅助设备的微生物进行测定，有效地提高了微生物数量的检测效率，缩短了检测时间。

（8）表面活性物质检查

表面活性物质不仅会造成水体大面积污染，还会在水面产生大量气泡，并大量减少人体内的含氧量，引起大量动植物死亡，影响环境的健康和可持续发展。为了提高环境监测质量，采用生物传感技术对表面活性物质进行检测。利用生物传感技术检测表面活性物质，有利于提高检测质量和检测效果，降低成本，有利于提高质量监测水平，为水资源保护提供参考。

6.2 基于遥感的水环境监测技术

6.2.1 遥感技术概述

20 世纪 80 年代末期，国外研究人员开始利用卫星遥感技术对水环境、大气环境、生态环境等进行监测。我国卫星遥感监测技术虽起步相对较晚，但近年来也开展了一系列区域及全国范围的生态环境遥感监测与评价工作，如“一江两河”“西部十二省”和“全国生态环境十年变化遥感调查与评估”等。卫星遥感技术的优势是获取监测地域的资料速度快、精度高、覆盖范围广、不受气候条件限制。随着计算机性能的提高，卫星技术的发展越来越快，应用也会越来越广。目前，我国应用于环境监测领域的卫星主要有高分 1 号、高分 2 号和资源 3 号。它们可以对同一地域获得 3 个不同观测视角的三维立体图像信息，在环境监测中发挥了重大的作用。近年来，我国的卫星与航空遥感技术取得了极大的进步与发展，其凭借自身监测范围广、监测速度快以及监测成本低等优势，在我国的环境监测工作中被广泛应用并发挥着举足轻重的作用。

遥感技术，即指一种可在不接触目标物的情况下便能够对其性质进行有效识别、测量及分析的技术。物体能够反射和辐射电磁波，而遥感技术正是利用物体的这一特性发挥其技术功用。

遥感技术是现代科技发展的产物，它是一种基于电磁波探测器来实现不同类型数据处理的新兴技术。现阶段遥感技术主要包括图像信息集成、感应、传输与处理，通过对这类数据进行分析可以获取地面物体各向维度的相关信息，进而为研究提供数据支持。

从遥感技术所利用的波段角度划分，目前其可分为三大主要类型：发射红外遥感技术、可见光遥感技术以及微波遥感技术。当前遥感监测技术在我国诸多领域（如地质、气象、水文、海洋等）都已获得广泛应用。该技术不仅能够应用于室内的工业测量方面，而且在海洋、大气等环境信息的采集及全球范围内环境变化的监测工作方面都发挥着不容小觑的作用。当前遥感技术已经成功实现对大气温湿度、空气污染物浓度值以及水温、色度等的测定，而且还能够通过对环境污染物进行跟踪调查，成功预测出环境污染的扩散程度及方向，对其所造成的损失做出准确的估算，并最终提出解决环境污染问题的对策。由于遥感技术具有覆盖范围广、信息量大且信息传播速度快等优势性特点，近年来，它已在全球范围内获得了广泛的应用，有效改善了环境质量，并极大地推动了环境监测工作的开展。

遥感适应性强、监测范围大、效率高；可与地理信息系统（GIS）、全球定位系统（GPS）结合并进行实时监控。在流域水质观测中，可以利用遥感卫星与地面实测数据，通过研究水体光谱特征与水质参数浓度之间的关系建立水质参数估算模型，实时跟踪水体污染的发生和发展过程。近岸水域水质遥感观测的指标主要有浮游植物、悬浮物及部分理化特性，包括叶绿素 a、氨氮、黄色物质等指标；主要研究方法有物理模型、半经验模型和经验模型。

环境监测机构具体在监测当地的城市热岛效应、有害气体浓度以及大气溶胶浓度的过程中，可以对遥感技术手段进行合理的选择。此外在水环境探测的过程中，运用遥感技术可以判断出城市水体遭受污染的真实程度，通过判断水体目前的富营养化状态以及水体的浑浊程度，进而提供保护水体环境的科学数据。由此可见，环境监测实践与遥感技术手段的充分融合具有明显的必要性。具体在目前开展环保监测的实践过程中，关于运用遥感技术手段主要体现为如下的技术发展趋向。

（1）拟合多元的遥感监测信息

关于遥感监测技术，生态环境部门如果要达到合理利用的程度，目前应当逐步尝试拟合多种类型的遥感监测数据。通过运用信息拟合的方式才能达到最大化的遥感技术应用效益，突破了单一的环境监测方式。例如近些年以来，环境监测领域的技术人员正在逐步尝试结合运用 GIS 监测技术、RS 监测技术与 GPS 监测技术。与单一的环境监测手段进行对比，这些技术具有拟合性与多元性的遥感监测方式可以节省环境监测成本，确保对多种不同的遥感监测手段予以灵活的整合运用。

（2）获取精准的光谱信息

技术人员开展测绘操作的基本要点在于获取光谱信息，其中需要用到多光谱的遥感监测手段。多光谱技术优于单纯测量物体几何形态的传统测绘技术，在体现了测绘成本节约以及测绘操作环节简化的效果同时，也通过运用遥感监测的手段来实现对多光谱信息的获取。此项技术手段还能达到全面检测当地水体污染的目标，保证较高的测绘精确程度并且包含了更多的测绘光段。

（3）引进数字摄影测量的遥感监测手段

数字摄影技术与遥感监测手段的结合具有明显的必要性，其根源在于上述两项技术手段的充分结合可以达到提升成图质量、简化测绘操作环节与缩短测绘操作时间的效果。同时，运用数字摄影测量的全新测绘技术手段还能够改变数据源的特征，确保将 GIS 的遥感监测信息运用于形成图形资料，因此体现了不可忽视的技术结合优势。

6.2.2 遥感技术原理

任何物体都存在反射波，物体的组成不同，周围环境也不同，同样也就存在着不同的电磁波波长，反射能力同样也不一样。遥感技术通过探知物体反射各种光所产生的电磁波来捕获信息并且进行分析和处理，从而达到远程勘测的作用。

作为目前新兴的数据监测与数据处理手段来讲，遥感技术的本质在于运用电磁波的探测装置来收集相应的信息与数据，并且分析现有的遥感监测数据，在此前提下给出精确的遥感监测结论。由此可见，遥感技术具有明显的技术集成性，其中包含感应探测环节、集成处理环节以及信息传输环节。通过测查各个不同的地物维度信息，应当可以给出全方位的遥感探测结论，避免了探测结论的片面性与局限性。与人工进行环境探测的方式相比，运用电磁波探测系统来检测环境信息的措施具有更好的实用性。

遥感技术的系统可以分为以下 4 个部分。

（1）信息来源

信息来源泛指所有需要勘测的物质，即勘测对象。任何物质都存在着吸收以及反射电磁波的特性，由于物质的结构与性质不同，反射的能力也不同，由此可以区别勘测对象的相关信息。

（2）信息获取

对勘测对象反射电磁波的相关信息的收集，通过设备来控制工作平台并进行传感，对勘测对象进行具体的信息收集。

（3）信息处理

获得信息后，进行相关的数据处理、校对以及汇总分析对勘测，对象进行特征总结，筛选出需要的信息。

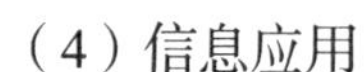

（4）信息应用

在进行信息汇总和分析之后，相应的信息和数据，可以根据具体需求应用在不同的领域，并且可以根据需求来进行相关数据的查询和应用。

6.2.3 环境监测中常见的遥感技术

（1）红外遥感技术

红外遥感是指仅限于红外波段范围内的传感器通道，一般为 0.76～1 000 μm，包括近红外（0.76～1.1 μm）、短波红外（1.1～2.5 μm）、中红外（3.0～6.0 μm）、远红外（6.0～15.0 μm）和超远红外（15.0～1 000 μm）。红外卫星感数据在环境保护方面具有广泛的应用前景，是大气环境监测的关键技术，可用于监测秸秆燃烧、大气粉尘、土地湿度、水面温度、地表温度以及城市热岛效应对生态环境的影响。例如，近红外波段可以从大气窗口波段反演大气水汽含量。使用近红外波段可以消除云影像的影响，因此可以用于监测秸秆燃烧。此外，具有高光谱分辨率的短波红外波段还可以监测温室气体。红外感数据也广泛应用于水环境监测，如水华、水温水色水质以及热水污染、核电站热排放等。

（2）微波遥感技术

微波遥感（0.001～1.0 m 波长）是利用微波传感器对已识别的地物进行判读，获取从目标表面反射的电磁辐射。合成孔径雷达（Synthetic Aperture Radar，SAR）在环保领域得到了广泛的应用。国际上常用的是 ERS-1/2SAR、ENVISAT-ASAR，国产的 GF-3 雷达遥感卫星于 2016 年发射。这彻底结束了我国微波遥感数据图像长期依靠外国的历史，为建立我国独立自主的微波遥感数据系统，维护国家信息安全提供可靠的保证。它可全天候、全天时监视监测全球海洋和陆地资源，能够高时效地实现不同应用模式下 1～500 m 分辨率、10～650 km 幅宽的微波遥感数据获取。数据广泛用于监测水质、溢油、土壤湿度、植被生长、生物量和生态环境的紧急情况。

（3）高光谱遥感技术

高光谱遥感可以获得大量在可见光、近红外、中红外和热红外等电磁光谱波长范围内非常狭窄的光谱连续图像数据。高光谱卫星包括 EO-1/HYPERION、HJ-1A/B/C 等，用于监测水环境和生态环境。与常规遥感相比，高光谱卫星获取的连续光谱特征，更真实地反映了各种目标的固有光谱特征和细节差异。高光谱遥感数据已广泛应用于环境保护工作，如污染气体和温室气体排放的监测，水污染源、水质参数和饮用水水源安全监测，生态环境的生物多样性监测（包括植被类型、植被盖与指数），土壤污染与土壤退化监测，城市生态、农村污染等方面的监测。空间高光谱技术在监测土壤污染方面的应用目前还处于起步阶段。

6.2.4 遥感技术的优势

对比其他勘测技术，遥感技术的适应性更好。地球上有许多地区并不适合传统的勘测技术。遥感技术的远程监测可以完美地弥补传统勘测技术在这方面的漏洞。它并不需要直接解除目标或者身处目标所在的环境，也能够在不同的条件下进行相关信息数据的收集。遥感技术对环境污染的追踪可以达到实时监控的程度，有助于及时了解环境污染的真实情况，同时技术人员也可以根据这些数据对环境污染进行详细的分析，预测其发展趋势，并且制定出相应的对策，有效地对环境采取相应的治理措施。对比传统的勘测技术，遥感技术的数据收集更加广泛并且具有较高的效率。遥感技术结合了航空航天技术，利用卫星对地面上的信息进行数据采集，数据可以立刻传达到计算机中，通过相关软件来进行数据的分析，筛选校正需要的资料。遥感技术与航空航天技术联合使用，使得勘测的范围也更广。随着科技的不断进步，遥感技术所能够应用的覆盖范围越来越广，同时也可以对这些范围进行监测，大大地克服了传统技术在覆盖范围方面的局限性。

6.2.5 遥感技术在水环境监测中的应用

为了使地区能够更加方便地评价水环境以及水资源的状况，进而为地区环境部门提供决策依据，目前普遍会对水体环境中的有机质、泥沙等的分布情况以及水体深度和温度等信息进行监测。遥感技术在水环境的监测中所使用的监测指标主要是色度以及水体的光谱特性；可以通过卫星遥感技术测定水域的变化，由此分析人为活动对水环境产生的作用及影响。遥感技术在当前的水环境监测领域中面临的一个问题就是由水体发黑引起的水体反射率明显降低。具体来说，这是因为在城市的工业和生活污水中存在着大量的有机物质，这些有机物在分解过程中消耗水中大量溶解氧，导致了水体的发黑。针对这一问题，可利用红外传感器的红外辐射光谱对水体中的染料和氢氧化合物的分布情况进行测定，以清楚掌握水体的污染状况。此外，卫星遥感技术还可以广泛应用在饮用水水源保护区、水华、赤潮、船体溢油事故及工业废水排放等水环境监测中。

（1）水体浑浊度检测

通常对水产生污染的物质有多种，通过掌握水体温度特性和光学特性，可以对其中污染的情况进行定量的监测。清澈水体一般对光的反射率相对较低，通常是反射率低于 10%，同时有比较强的光吸收性能。水质监测过程一半是使用水体光谱和水色指标遥感。现在遥感技术的应用在水污染监测方面已经相对成熟。水中悬浮物颗粒和浮游生物都会对水体光学特性产生直接性的影响，光照入到水中会受到吸收和散射两方面的作用，遥感技术通过确定水体在光谱上的差别来对水体污染程度进行确认。经过研究调查发现，光谱衰减系数会随着悬浮物增加而逐渐增加，从 0.5 μm 光谱处朝红色区域逐渐移动，而浑浊水泥沙和悬浮沙粒的半径会对水体反射率产生正相关的影响关系，光谱峰值会从蓝色向绿色逐渐过渡变化。经过大量实验，可以看出 500～600 nm 的光谱段最适合对悬浮物质的种类进行确认；而 700～900 nm 的波段对于悬浮物的具体浓度数值测定来说十分敏感，因而经常用于测定浓度。通过拍摄图像并观察其中峰所在的位置可以了解到水体浑浊度的变化情况。

（2）城市污水水质检测

城市排放的工业和生活污水当中通常还附带了大量的有机物，因而水质十分恶劣，卫星遥感图像可以通过对水体进行光谱分析，来判断其污染的大致变化，对污染物的悬浮物指标和运动特点进行确认。有关学者使用了二相反射光度计法来对角度和波段等因素会对水体偏振的数据产生影响的效果进行分析。同时有关学者使用了 COD 污染的遥感模式来大量获取 COD 信息对水质进行评价，确定水体 COD 的同时也对其养分含量进行测定。检测水体的过程中，对反射光谱和光谱数据进行采集，并结合水体波谱数据来建立数学模型，对水体进行准确而全面的监测。

（3）水体热污染检测

废水当中的悬浮物有着多种多样的种类，这也是测定光谱特征曲线时会出现多个不同位置和强度的反射峰的原因所在。一般对废水进行监测时会使用多光谱合成图像法进行监测，也可以利用温度差的原理来选择热红外法进行调查。因为热红外法对于热源的感应能力十分敏感，能够准确地探测出污染源并进行定位。吴传庆等学者就使用了多时相的热红外数据对某地温度场变化进行监测，对数据进行分析处理之后获得了水体的热辐射变化材料，结合了数学建模并进行模拟之后得到了动态方程，最终得出航空热红外扫描结合数学模型，它可以对水体的热污染具体情况进行良好的反映。

（4）水体富营养化检测

水体富营养化一般是因为水体当中的氮、磷等营养元素远超自身对其的最大负荷量，从而导致浮游植物大量繁殖。这也是水体富营养化最明显的标志。遥感技术根据浮游植物当中叶绿素和近红外光之间的陡坡效应进行确定，这一过程中叶绿素含量较高的位置反射率峰值会相应提高很多，进而能够对富营养化的范围进行明确的标定。从彩色的红外图像上根据颜色变化情况来对水体富营养化情况进行监测。经过有关调查研究发现，TM 遥感数据对于水体富营养化的监测是充分有效的，这一过程基于 MODIS 的数据对于水体富营养化识别进行建模，或者用水体富营养化状态指数来对水体状态进行确认。或者用叶绿素 a 和悬浮物的浓度进行调查反馈，使用遥感数据来对水体富营养化状态进行确认和评价，从而进一步地对水体富营养化进行动态监测。

（5）水质油污染检测

针对油污染的情况，遥感技术可以对污染区域的污染情况进行全面、高效的监测，同时也能够实现对污染物质的检测。遥感技术还可以查找水中油性污染物质的源头，通过建立相关的计算模型，科学查找污染来源，并对油污染的治理提供有效的帮助。遥感监测可以利用可见光遥感技术、红外光遥感技术、紫外遥感技术等对水体中的油性污染进行高效的监测，并为油性污染治理提供帮助。

对于水环境的污染问题而言，油污染的危害较大，会影响水环境的生态平衡。在监测水环境中是否存在油污染情况时，通过使用遥感技术来监测污染区域，可以有效地对污染物含量进行测定，并可根据测定结果完成标准计算模型的建立。随后，监测人员可根据遥感监测分析数据，锁定污染物的来源，并对污染物源头采取有针对性的措施进行治理，从而消除或者缓解水环境污染。此外，在监测水环境中的油性污染物时，最常用的遥感技术为红外遥感技术、紫外遥感技术与可见光遥感技术，每种遥感技术的适用范围不同。在选择遥感监测技术时，要根据水环境中污染物的特征选择有针对性的遥感监测技术，努力使监测结果更加趋于真实情况，为后续治理工作的开展提供数据。

（6）饮用水水源保护区监测

清洁的饮用水是人类赖以生存的基本条件，国家要求优先保护饮用水水源地。饮用水水源安全直接影响人体健康和社会稳定。针对近年来几次涉及饮用水安全的重大环境事故，保护饮用水水源安全已成为环境保护工作的重中之重。然而，目前对饮用水水源保护区的监测主要侧重于水体水质，方法也多为人工采样，实验室分析。水环境自动监测系统治理重点放在保护区内排污企业和排污口取缔上。这些工作都客观存在着劳动强度大、监测周期长、获取数据慢、运维成本高等缺点。事实上，饮用水水源地的保护需要针对一切对水体有直接或间接影响的所有污染源或风险源进行及时有效的监测与监管，利用卫星遥感技术的优势对饮用水水源保护区实时监测便显得尤为必要。除此之外，卫星遥感技术获得的图像信息也能监测到饮用水水源保护区的植被覆盖情况，植被覆盖率指标能够反映饮用水水源保护区内开发利用程度。植被覆盖率高，表明人为活动对保护区水体干扰少，水质相应较好；植被覆盖率低，水土流失等情况则较为严重，水源涵养差，水质相应较差。

（7）赤（绿）潮监测

赤潮是海洋污染的三大公害之一，赤潮的发生会使近海环境遭到极大的破坏。随着我国经济的高速发展，大量工农业废水和生活污水排放入海，水体富营养化日趋严重，导致赤潮灾害频繁发生。赤潮的暴发通常具有突然性、空间尺度大、直接观测难等特点，一般的监测和预报难以及时准确地反映赤潮的污染程度。而卫星遥感技术利用赤潮发生时的海水水温和水色变化，提供几米到几千米的图像信息，经过校正、图像合成、分析、解译等过程，反演出海洋水体中的叶绿素浓度、微生物含量、泥沙含量等各种信息，从而判断赤潮的特征和发展规律，进而能有效地防止或减少赤潮造成的损失和危害，对采取有效措施治理赤潮灾害有着十分重要的意义。

6.3 基于无人机的水环境监测技术

6.3.1 无人机技术概述

无人机是随着我国当前科学技术的发展而出现的一种新型技术，最早被应用于代替人类完成高强度和高风险的工作中，以保证实际工作的有序进行。随着无人机技术在实际应用中应用效果的显著提高，其被应用于各行各业中。在消防抗灾领域中，无人机技术也得到了广泛的运用，无人机技术在高空中搭配精度和准确度较高的电子眼，能够迅速判断事故发生的位置。当无人机技术应用于拍摄领域中，因为无人机技术的视角是非常独特的，在实际拍摄过程中能够捕捉全景画面。在电子巡检方面，无人机职业是成熟度较高的职业，在巡检的过程中需要在无人机上携带摄像头和红外线传感设备，可有效地检查一些输电线是否存在接触不良的问题。无人机技术被广泛应用于农业方面，一些农民运用无人机技术来完成喷洒药剂的工作。无人机技术在实际应用过程中取得了良好的应用效果，并且整个操作过程非常灵活和简便，无人机在当前得到了蓬勃的发展。

环保领域的无人机应用在我国还属于新兴事物，但其以高效率、低成本的优势，发展得非常迅速。现阶段，常见的无人机基本可以分为3类，即多旋翼无人机、固定翼无人机和无人直升机。在环保领域使用的无人机型主要为固定翼无人机和多旋翼无人机，其中固定翼无人机多用于大范围环境监控，并可在较高高度对大气进行取样分析。而多旋翼无人机则主要对小范围或点目标进行监控，并在较低高度对大气进行取样分析。总体而言，环保领域应用的还是无人机的数据收集的传统功能。

在水环境监测工作利用无人机开展实际工作时，相关工作人员要加强对无人机的了解，掌握无人机的操控要点和注意事项，结合水环境监测的实际工作需求科学有序地开展日常的工作，从而使无人机能在水环境监测工作中发挥其应有的价值和作用。

无人机遥感技术作为一项极具潜力的环境监测技术，具有实时传输影像、续航时间长、系统保养维修简便、实用成本低、覆盖区域广、使用用途多、机动灵活等优点，也正在快速发展。

6.3.2 水环境监测对无人机的性能要求

水环境监测的工作特点要求无人机能悬停、垂直升降、小范围机动，故水上多旋翼无人机是开展此类工作的首选机型。水上多旋翼无人机，顾名思义就是能在水上起飞和降落的多旋翼无人机。其结构特点是机身下方携带能使其漂浮在水上的浮筒，或其机体本身就能提供其在水上漂浮的浮力。而用于环保水质监测的水上多旋翼无人机因其工作特性对性能又有以下几点要求。

（1）有效载荷大

相对于传统环保监控无人机所挂载的拍照设备，水质分析设备和水质采样设备体积更大、重量更重，同时用于此类设备耗电量更大，所以通常需要单独为其设置电池供电。另外，水质采样标准的一般要求，采样量要达到 2 L 或 2 kg 以上，故对无人机的有效载荷存在较高要求。

（2）机体抗腐蚀性能好

水质采样的使用环境对无人机而言通常较为恶劣，特别是在水质较差的地点或海洋环境中使用，空气中酸碱盐成分复杂，因而对机体电子设备、电机设备的抗腐蚀性能有较高要求。

（3）机体选用电机的扭矩要大于同级别普通无人机

因为飞机起飞重量大，同时要克服液体表面的张力等因素，所以一般会选用质量较大的大尺寸螺旋桨来保证升力储备，故对电机扭矩有较高要求。

（4）飞行稳定性和姿态控制要求较高

由于其工作的高度对于无人机来说是超低空，甚至会出现滑水飞行的情况，其飞行时遇到的气流影响比一般无人机常规飞行时要复杂。而且悬停采样和分析时，要求其在克服水流影响的情况下，保持在特定采样点的悬停稳定。这对飞控元器件选型和飞控程序的编写提出了较高要求。

（5）对控制范围的要求较高

按照水质采样的要求，控制有效范围达到直线距离 2 km 以上才能达到大部分采样活动的要求。

（6）对续航能力、飞行高度和飞行要求较低

由于采样和分析时机体可以降落于水中，不需要连续飞行，故对于一般无人机强调的续航能力、飞行高度和飞行速度没有太高的要求。这有利于控制机体电池的体积，

为其他功能提供更多的有效载荷。

6.3.3 无人机在水环境监测中的应用要点及优势

由于无人机在水环境监测工作中发挥着不可替代的作用，并且实际应用效果也非常好，因此相关工作人员在水环境监测工作中使用无人机时要充分发挥其优势，明确无人机在水环境监测中的行迹规划，结合实际工作需求进行模型的构建。无人机在水环境监测工作中，飞行空间和航迹比较连续，在开展水环境监测工作之前，工作人员要对无人机的航迹进行集中性的处理，从而使无人机能在水环境监测工作中发挥其应有的价值和作用。

由于水环境监测工作是由多个部分组成的，为了提高最终水环境监测工作的准确性，相关工作人员要采用分层规划的理念来明确无人机的行迹。在无人机应用的过程中，航迹规划约束条件较多，各个因素之间有着密切的联系，因此在执行不同水环境监测任务时，对无人机的行迹也有着不同的要求。大多数情况下，无人机主要是执行正常的巡航任务，对监测目标点进行准确性的监测。在进行巡航时，相关工作人员要综合考虑无人机的最大飞行距离，加强对水环境监测现场的勘察和了解，对无人机的航迹进行有效规划，进而完成整体的水环境监测任务。另外，在无人机应用的过程中还需要综合考虑无人机航迹的安全性，主要是因为无人机不同于陆地上的其他执行任务。假如在陆地上执行任务时发现故障，可以选择各种方式来降落；但是在水环境监测工作中，若无人机发生了故障，那么再找到无人机的概率是非常低的。因此，相关工作人员要综合考虑环境的特殊性，根据周边的现场环境和水环境确定无人机的轨迹。

无人设备最早被设计应用于代替人类完成高强度高风险的工作，并提高工作效率。因此，在环保领域无人机技术的应用前景还很广阔。从整体上看，无人机在水环境监测工作中的应用优势主要分为以下几个方面。

（1）安全系数高

在水环境监测工作中利用无人机来进行采样，有效地提高了整个水环境监测工作的安全性，相关监测人员不必乘船去监测点，只需要在监测点的岸边操控无人机就可以完成整个水样的采集工作。整个工作过程是非常便捷的，所面临的风险较小，工作人员可以在安全的环境下采集水样，提高了水环境采集工作的安全性。

（2）有利于提高监测工作的质量

工作人员以往在进行水环境监测工作时，若面临一些河流湍急、河沿岸淤泥沉积的监测点时，往往无法采集到非常准确的水样，并且在实际采集工作中还有可能出现一些安全问题。无人机可以快捷地到达指定区域采集水样，并且所采集的水样准确性和可比性比较高。工作人员可以在岸边进行无人机的操控，采集到一些具有代表性的水样，从而为后续水环境监测工作奠定坚实的基础。

（3）有助于提高监测工作的效率

工作人员在水环境监测工作中运用无人机进行实际工作时，可以有效克服地形和地势方面的困难。无人机在实际工作的过程中几乎可以直线到达监测区域，并且无人机在采集完水样后，可以在岸边静置水样，有效地节约了整个采样工作的时间，为后续水环境监测工作节省大量的时间，从而有效提高了水环境监测工作的效率。

（4）有助于避免出现再次污染

工作人员在进行水样采集工作中，船只会因在运行过程中产生的燃料废气而对水环境造成再次污染，船只中的柴油经过燃烧之后会产生二氧化碳和其他有毒物质，对水环境造成非常严重的影响，船只在运行过程中出现柴油泄漏的话，会造成水面的油类污染。无人机主要使用的是清洁能源（电能），在水环境监测的过程中并不会对水环境造成二次污染，整个工作过程是非常环保和节能的。

（5）降低了工作的成本

工作人员在湖泊和河流等地区的水环境监测工作中，需要租赁船只，对一个断面进行监测大约需要 3 h，整个船只在运行的过程中燃料消耗较大，这在无形之中增加了水环境监测工作的成本。而无人机的性价比较高，可以重复使用，大大减少了整个水环境监测工作的成本。

6.3.4 无人机技术在水环境监测中的发展方向

海洋环境监测是无人机未来应用的一个方向，可归结成以下几点：

①中高空长航时无人机机种将成为世界上海监航空遥感系统的主要发展平台。目前，该机种飞行高度已由几千米发展到十千米，续航时间已由十几小时发展到几十小时。这为适应海上多变的气候和长时间大范围目标搜索及巡视的需求提供了基

本保障。

②无人机系统的机载设备载重量不断增大，已由几千克发展到几百千克，容积也在增大，这为系统装载多种传感器、执行多种海监任务创造了有利条件。

③选择中等展弦比机翼结构、使用强度高、重量轻的新型复合材料制造，并配备有高效能、低耗油率的柴油动力装置的无人机系统满足了舰载的特殊要求。

④采用了高精度多功能的导航控制系统，飞机故障自动检测和切换装置、自动着陆与起降系统，提高了系统的安全可靠性。各类系统都装载有 GPS 定位及 CCD 视频摄像系统，均有相应的地面控制和监测台站，可实时获取视频图像。系统通过机载陀螺稳定仪保证传感器成像的清晰性。

⑤可供无人机装载的传感器种类越来越多，并向轻型化、数字化、高分辨率方向发展。

6.4 基于光谱的水环境监测技术

6.4.1 基于三维荧光的水环境监测技术

（1）三维荧光技术概述

20 世纪 50 年代，世界上第一台记录式荧光分光光度计在美国问世。1975 年，中国科学院生物物理研究所研制出我国第一台荧光分光光度计。20 世纪 70 年代，三维荧光技术诞生。LLOYD 等最先采用三维荧光技术研究蛋白质构象的变化。ROLLER 等运用三维荧光测定了人体血浆低密度脂蛋白。20 世纪 80 年代，三维荧光开始应用于海底油气探测。王伦等采用三维荧光测定工业废水中的苯胺，三维荧光在水环境监测中得到了广泛应用。

三维荧光光谱又称荧光激发 – 发射矩阵光谱（EEMs），它通过连续扫描激发波长和发射波长，可同时获取不同性质荧光团的“指纹”信息，从而广泛应用于各种水体 DOM 的研究。

三维荧光光谱法是近年来发展起来的一门荧光分析技术，目前在 DOM 的研究中正得到越来越多的应用。该技术能够同时获得激发波长、发射波长以及二者相对应的荧光强度信息，通常将荧光强度表示为激发波长 – 发射波长两个变量的函数，

即三维荧光光谱。

普通的荧光分析法的光谱图是一个二维的谱图，在实验过程中可以发现荧光的强度是由激发波长与发射波长共同决定的变量函数。三维的荧光光谱是用来描述随着激发波长与发射波长而变化的荧光强度的函数谱图。通过在不同的激发波长上进行荧光光谱扫描，可以得到激发－发射关系矩阵列表。三维荧光光谱能快速获得大量的荧光数据，结合计算机技术，对荧光数据的处理和资料的检索都十分方便。

三维荧光技术是自 20 世纪 90 年代发展起来的一门新兴的荧光分析手段，其中最普遍的一种就是激发－发射矩阵法。侯镱等通过三维荧光法，用特征荧光强度以及总荧光强度等相关参数来分析随井深而变化的芳烃的含量，用于油井数据的分析。鄢远等通过三维荧光光谱法能够同时测得萘、芘和苝的含量，相较于传统的分析手段，它具有较高的灵敏度以及便捷性。

（2）三维荧光的发光原理

荧光发光也称为光致发光，是分子受光子激发后发生的一种去激发过程。在吸收紫外和可见电磁辐射的过程中，分子受激跃迁到激发电子态。多数分子将通过与其他分子的碰撞，以热的形式散发掉多余的这部分能量。部分分子则以光的形式释放出这部分能量，放射出光的波长不同于所吸收辐射的波长。后一种过程称为光致发光。从本质上讲，光致发光是一种涉及光子的激发——去激发过程。

室温下，大多数分子处于基态的最低振动能层。处于基态的分子吸收能量（电能、热能、化学能或光能等）后被激发为激发态。激发态不稳定，将很快衰变为基态。下面将主要从分子结构理论来讨论荧光产生机理。每个分子具有一系列严格分立的能级，称为电子能级，而每个电子能级中又包含一系列振动能层和转动能层。基态用 S_0 表示，第一电子激发单重态和第二电子激发单重态分别用 S_1 和 S_2 表示。T_1 为第一电子激发三重态。

电子激发态的多重度用 M=+1 表示，为电子自旋量子数的代数和，其数值为 0 或根据 Pauli 不相容原理，分子中同一轨道所占据的两个电子必须具有相反的自旋方向，即自旋配对。假如分子中全部轨道里的电子都是自旋配对的，即 s=0，分子的多重度 M=1，该分子体系便处于单重态，用符号 s 表示。大多数有机分子的基态是处于单重态的。分子吸收能量后，若分子在跃迁过程中不发生自旋方向的改变，这时分子处于激发单重态，这时分子便具有两个自旋不配对的电子，即 s=1，分子

的多重度 $M=3$，分子处于激发三重态，用符号 T 表示。处于分立轨道上的非成对电子，平行自旋要比成对自旋更稳定些（洪特规则），因此三重态能级总是比相应的单重态能级略低。处在激发态的分子不稳定，它可能通过辐射跃迁和非辐射跃迁等去活化过程返回基态，其中以速度最快、激发态寿命最短的途径占优势。有以下几种基本的去活化过程：①振动驰豫（vibrational relaxation）；②荧光发射；③内转换（internal conversion）；④外转换（external conversion）；⑤系间跨越（intersystem crossing）；⑥磷光发射。

（3）三维荧光的测定原理

在室温下，大多数分子处于基态，当其受光（如紫外光）激发时，分子会吸收能量并进入激发态，但分子在激发态下不稳定，很快就跃迁回基态，这个过程伴随着能量的损失，其中过剩的能量便会以荧光的形式释放出来，即发光。物质的荧光性质与其分子结构有关，一般来说分子结构中有芳香环或有多个共轭双键的有机化合物较易发射荧光，而饱和或只有孤立双键的化合物不易发射荧光。物质的荧光强度（F）与激发光波长（E_x）、发射光波长（E_m）有关，二维荧光光谱是固定 E_m 或 E_x 不变，扫描改变另一个波长，得到 E_m 或 E_x 与 F 之间的关系，是一个一元函数。而三维荧光记录的是 E_m 和 E 同时改变时 F 的变化，是一个二元函数，也称为激发发射矩阵。

（4）三维荧光测定结果的表征

三维荧光测定结果有两种表征方法：等强度指纹图和等距三维投影图。等强度指纹图是以 E_x 和 E_m 为横纵坐标，平面上的点为样品荧光强度，由对应 E_x 和 E_m 决定，用线将等强度的点连接起来，线越密表示荧光强度变化越快。等距三维投影图是用空间坐标 X、Y、Z 分别表示 E_x、E_m 和 F，与 XOY 面平行的区域表示无荧光，隆起的区域表示有荧光。相较于二维荧光，三维谱图蕴含更多的荧光数据，能更完整地描述物质的荧光特征，可用于多组分混合物的分析。但大分子的颗粒和胶体物质在受光激发时会出现散射现象，对荧光测定产生影响，常通过预处理（稀释待测溶液、扣除空白水样的三维荧光光谱、过滤等）来避免此影响。

（5）三维荧光在水环境监测中的应用

①生活污水检测。

生活污水中的污染物包括有机物（油脂、蛋白质、氨氮等）以及大量的病原微生物（寄生虫卵等）。施俊等结合平行因子分析法研究了扬州某生活污水处理厂进出水的三维荧光光谱特征，发现进水和出水中含有 3 个主要荧光组分，分别为类色氨酸、类酪氨酸和类腐殖质，对比进水与出水的 3 个主要荧光组分的变化就能了解污水处理效果。吴礼滨等对梅州市某生活污水厂的总进水、沉砂池出水、生化处理出水及总出水进行了三维荧光检测，并采用荧光区域积分法进行了解析。发现经生化处理后富里酸类物质、溶解性微生物代谢产物及腐殖酸类物质的荧光区域积分百分比降低，说明生化处理对这几类污染物产生了去除效果。

②工业废水检测。

工业废水中污染物种类繁多，成分复杂，常含有随废水流失的工业生产原料、中间产物、副产品以及生产过程中产生的污染物。王碧等分析了炼化废水和炼油废水中特征污染物的去除情况，其中炼化废水的特征荧光峰在水解酸化处理后消失，炼油废水的特征荧光峰在好氧处理后消失。这表明水解酸化工序对炼化废水的特征污染物去除效果好，好氧工序对炼油废水的特征污染物处理效果好。王士峰等对某印染厂废水进行了周期性的采样，发现所采集水样的三维荧光光谱的荧光峰数量和位置较为稳定，但强度不稳定，说明其中的有机物含量变化较大。还有一些学者分析比较了来自 12 个工业类别（非酒精饮料、电子设备、食品、皮革和毛皮、肉类、有机化学品、纸浆和造纸、石化、树脂和塑料、钢铁、蒸汽动力以及纺织染色）的 57 个设施的工业废水的三维荧光光谱，发现在皮革和毛皮废水中峰 T 的荧光强度最明显，而在食品废水中峰 c 的荧光强度最明显，因此可以通过监测这些荧光特征对废水进行溯源。

③雨水检测。

于振亚等对比了道路雨水水样在金属离子（Cu^{2+}、Pb^{2+} 和 Cd^{2+}）滴定前后三维荧光的变化，发现添加 Cu^{2+} 和 Pb^{2+} 后，荧光淬灭，峰 T 的强度明显下降，表明雨水中类蛋白类物质与 Cu^{2+} 和 Pb^{2+} 之间发生了配位络合作用；而加入 Cd^{2+} 后，荧光峰的强度未发生明显变化，说明其中络合作用较弱。林修咏等构建了两套雨水防渗型生物滞留中试系统，荧光区域积分法解析显示，屋面径流有机污染集中在降雨初期，主要为类腐殖质；系统出流则为蛋白类物质和类腐殖质物质。在滞留带中种植植物对于蛋白类物质和类富里酸区域的荧光有机物均有较好的调控效果，但对于微生物代谢产物和类胡敏酸区域的调控效果稍差。Patricia 等外国学者利用三维荧光

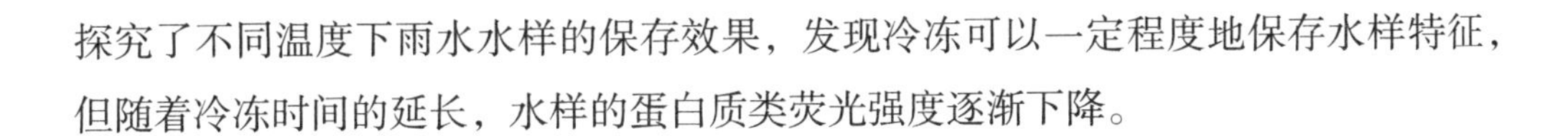
探究了不同温度下雨水水样的保存效果，发现冷冻可以一定程度地保存水样特征，但随着冷冻时间的延长，水样的蛋白质类荧光强度逐渐下降。

6.4.2 基于高光谱的水环境监测技术

（1）高光谱技术概述

高光谱遥感最大的优势在于光谱分辨率的提高，窄波宽、多波段的特点使高光谱影像几乎具有连续的光谱数据，提高了观测目标物属性信息的能力和与地物实测光谱的匹配能力，同时，高光谱数据依据地物的光谱曲线，可以对某些具有特殊光谱吸收特征的物质进行探测，进而进行精准的目标物类型区分。

（2）高光谱技术的应用

①海洋水色反演。

叶绿素、悬浮物和透明度是评价海水水质的几项主要指标。叶绿素 a 是浮游植物中普遍含有的色素，在蓝光和红光波段存在吸收峰，并且激发荧光，水体吸收光谱和荧光光谱随着叶绿素 a 浓度的变化而变化。水体悬浮物由有机颗粒物和无机颗粒物组成，其含量可直接影响水体透明度、浑浊度以及水色。研究发现，在近岸海域，悬浮物浓度与长波段的遥感反射率或比值呈现良好的相关性；水体透明度与水体各组分含量及其吸收、散射特性直接相关，反映了水体的浑浊程度。研究表明，可见光的全波段漫射衰减系数和透明度具有较好的相关性，可通过反演来估计水体透明度。基于上述原理，可利用遥感反射率数据开展水色要素的浓度反演。

②浅海水深探测。

水深是海洋环境的重要参数，是海洋资源开发和海洋环境保护的基础保障。然而在部分海岸带浅海和岛礁周边海域，船只无法到达，传统水深测量无法作业，在此情况下，基于水体的光学特征发展的水深遥感探测成为最佳选择。

③海洋灾害监测。

赤潮是海洋中一些微藻、原生动物或细菌在一定环境条件下爆发性增殖，引起水体变色的一种生态异常现象，是我国主要的海洋生态灾害之一，对海洋生态系统、水产养殖业和滨海旅游业等构成较大影响。赤潮发生时，浮游生物的聚集会导致水体叶绿素浓度的升高，引起水体光谱特性的变化，进而产生有别于正常水体的光谱特征。如赤潮发生海域水体往往在荧光波段（685 μm），该波段具有较高的遥感反射率。通过对高光谱影像光谱特征差异的分析，可以实现对赤潮的检测和监测。

与赤潮类似，海上溢油也是一种我国近海常见的海洋灾害，近几年发生的几次海上溢油事件对我国近海环境造成了很大的破坏。溢油发生后会在海面形成油膜，不同厚度的油膜会在可见光影像上表现出不同的特征，尤其在近红外波段表现出与清洁海水明显的光谱差异，同时，油膜平滑了海面的微尺度波，使油膜与海水在影像中的纹理表现存在差异。基于此，可利用光学影像对海上溢油进行检测。

海冰是典型海洋生态灾害之一，常发生于我国渤海和黄海北部，对航道通行、海上石油开采及渔业资源开发造成较大的影响。受限于影像的光谱分辨率，目前的海冰遥感监测主要是对海冰分布范围的提取，而海冰厚度的研究成果较少，提取算法尚不够成熟。但研究表明，不同类型的海冰在一定的光谱范围内，表现出显著的反射率差异和强烈的可分离性，海冰厚度与海冰反照率之间呈现良好的指数关系，尤其对于一年冰或冰厚小于 1 m 的海冰。高光谱影像较高的光谱分辨率可以获得近乎连续的光谱信息和丰富的海冰图像信息，可为海冰更深一步的探测提供重要信息。

④滨海湿地遥感监测。

滨海湿地是重要的鸟类等陆地动物的栖息地和鱼类等水生动物的繁育场所，地物类型复杂多样，且大部分区域人为无法进入。现有的多光谱遥感技术在滨海湿地地物类型分布方面有较多的应用，但无法开展高精度的复杂地物类型分类和定量遥感监测，如植被生物量和盖度等。高光谱影像的高光谱分辨率，能够更精细地展现地物的光谱特征，在滨海湿地负责地物类型分类和定量监测中可发挥独特的优势。

目前滨海湿地典型地物分类的方法多为基于现场调查数据的监督分类，常用方法有 SVM、神经网络算法、最大自然分类法等。同样，高光谱影像遥感监测也可对不同地物光谱特征波段进行遴选，建立基于高光谱植被指数的定量信息提取方法和模型，开展基于高光谱遥感影像的地物类型和植被定量信息提取工作。

6.5　水生态智慧平台在水环境监测中的应用

针对大量监测数据人工分析工作量大、处理效率低的“瓶颈”，以地理信息系统为核心，利用机器学习迭代建模方法，云洲智能无人船公司研制了水生态智慧应用系统。该系统利用大数据分析技术、云处理技术分析融合后的多源监测数据，通过空间态势分析算法及局部空间态势分析算法，以 Voronoi 图、差值等值面图等方式使大量数据以图形化进行显示和应用，实现了成果可视化展现并提升了数据处理的分析速度及数据应用效率，最终达到水质监测成果实时处理、分析上报、成果可视化及智能化应用的目的（图 6-1～图 6-3）。

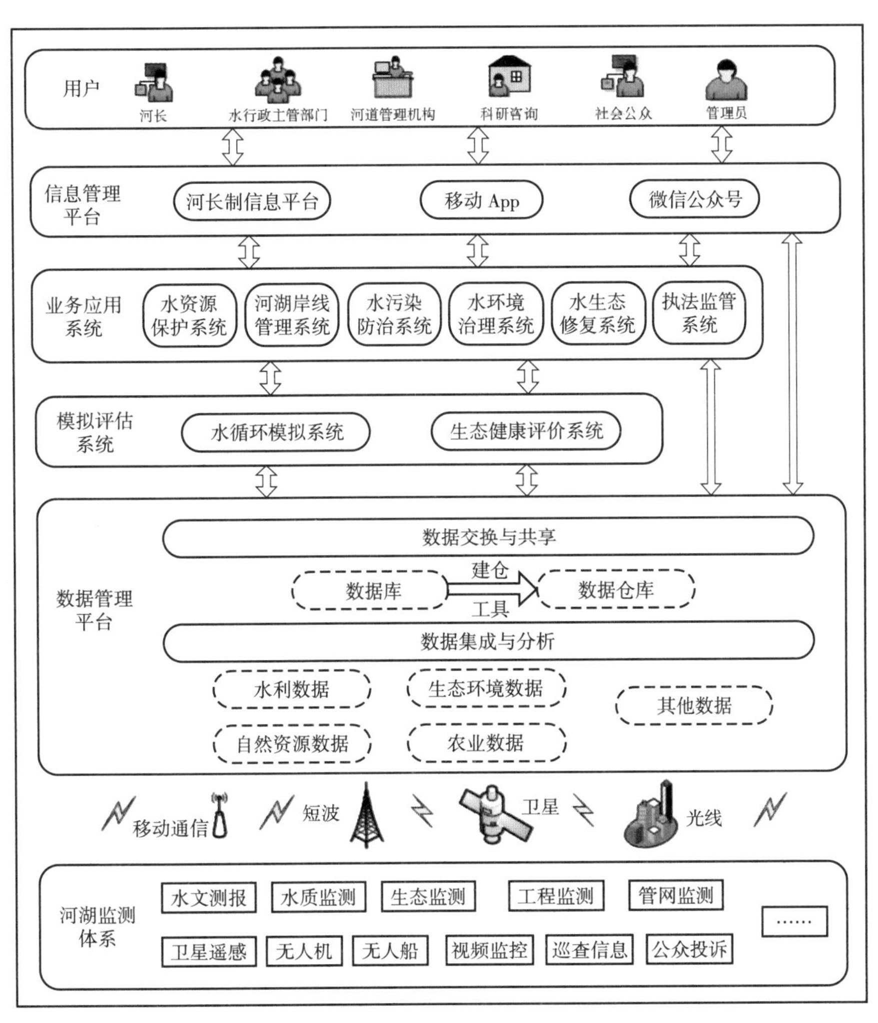

图 6-1　水生态智慧应用系统整体架构及实现功能

- 白洋淀水生态智慧应用系统的建设项目

白洋淀水生态智慧应用系统是应中国环境监测总站和河北省环境监测中心要求，在白洋淀以无人船搭载监测仪器对白洋淀进行全面的水质监测，并构建水生

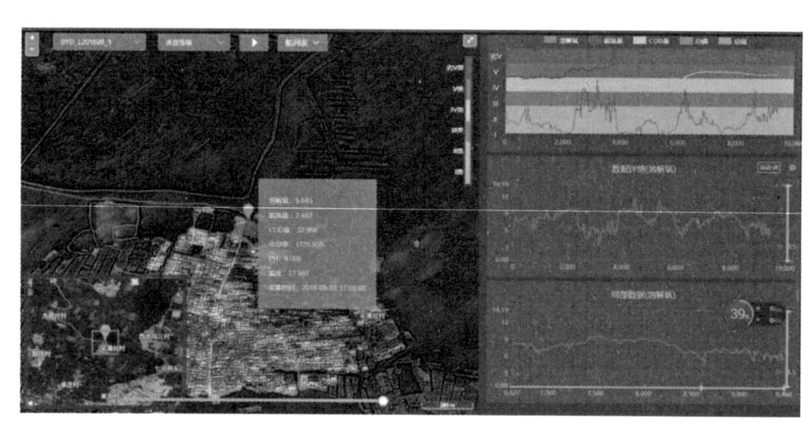

图 6-2　水生态智慧应用系统软件平台实时监测

图 6-3　监测数据可视化成果实时分析展示

态智慧应用系统，该系统对无人船监测的水质数据进行接收、处理、显示并保存。无人船对区域内两条河流总计 50.2 km 流域进行走航监测，监测数据包括常规五参数、总磷、总氮、氨氮、COD 等。共采集数据 18 832 组，共 112 488 个数据，其中含总磷、总氮手工采集分析数据 126 组，计 252 个数据；走航数据 18 706 组，计 112 236 个数据，为管理部门对该流域环保管理提供精准技术支持（图 6-4～图 6-7）。白洋淀水生态智慧应用系统获得了中国环境保护产业协会 2019 年度环境技术进步奖二等奖。

区域河流实测结果：从 COD、氨氮、溶解氧、总磷 4 项因子看，府河自从黄花沟入府河交汇口起至保新路孝义河大桥以西 1 km 处止，共计 31 km 河长水质由劣Ⅴ类水质逐渐变好至Ⅲ类水体，其中劣Ⅴ类水体 7.2 km、Ⅴ类水体 3.59 km、Ⅳ类水体 16.94 km，首要污染物为氨氮；Ⅲ类水体 3.41 km，首要污染物先是 1.72 km 是氨氮，剩余 1.69 km 是总磷。孝义河监测河体水质除 2# 蒲口省考断面下游 300 m 高阳县市政排渠流入孝义河口处水体略有很少水体为劣Ⅴ类外，其他监测水体均为Ⅴ类水体。其中自高阳县市政排渠流入孝义河口处上游首要污染物为总磷，下游首要污染物为 COD。

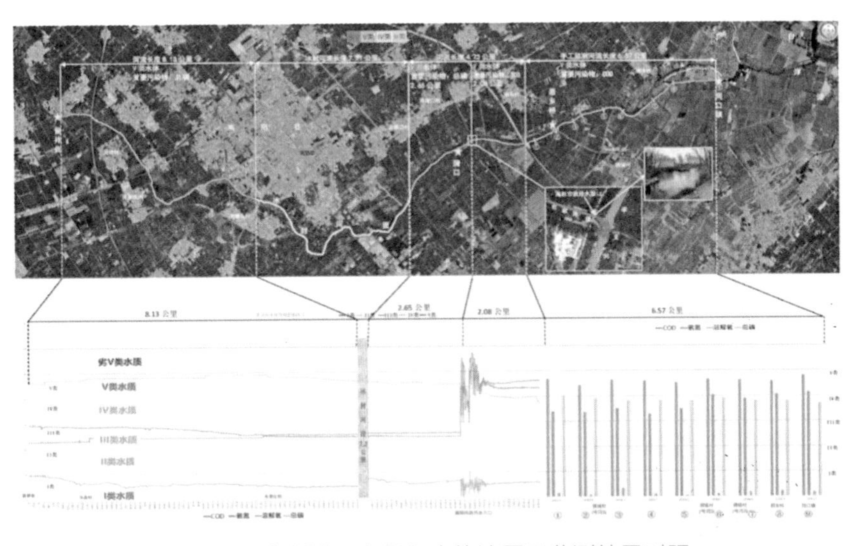

图 6-4　白洋淀无人船行走轨迹图及监测结果对照

图 6-5　白洋淀工作现场

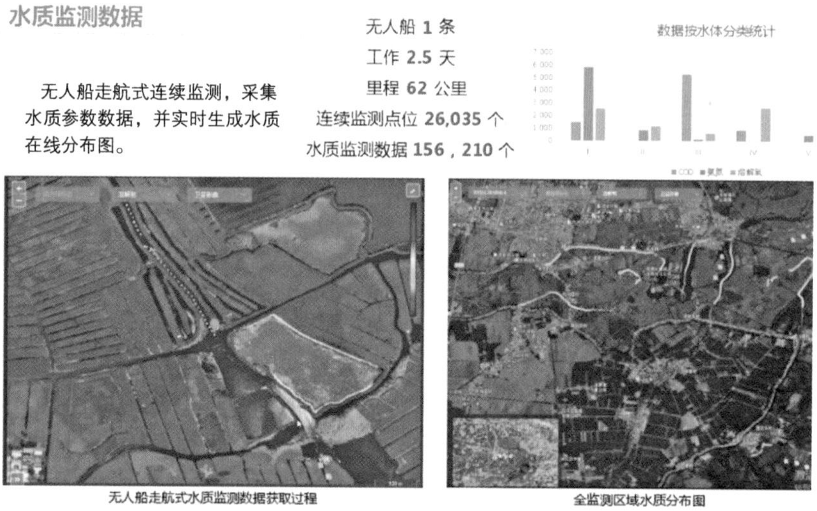

水质监测数据

无人船走航式连续监测，采集水质参数数据，并实时生成水质在线分布图。

无人船 1 条
工作 2.5 天
里程 62 公里
连续监测点位 26,035 个
水质监测数据 156，210 个

数据按水体分类统计

无人船走航式水质监测数据获取过程

全监测区域水质分布图

图 6-6　白洋淀项目水质监测结果

图 6-7　白洋淀项目污染源分析

7

物联网信息化水环境监测技术

7.1 物联网技术概述

1999年，美国麻省理工学院建立了“自动识别中心”，提出所有能够被独立寻址的普通物理对象皆可应用于网络互联，最早阐明了物联网技术的含义。物联网技术是指对相关的信息传感设备和技术进行合理的应用，以互联网为核心和基础，将互联网延展到其他物体，利用智能感知技术、智能识别技术与通信感知技术，对物理对象进行信息收集、交换和通信，从而实现智能化识别、定位、跟踪、监控和管理。例如，应用全球定位系统、射频识别技术以及传感器等技术手段，对需要监控的物体进行实时监测，使人们更好地对物品进行识别和管理。

将物联网技术引入水环境监测领域已经成为水环境监测和管理的一个新的发展方向。通过传感器、二维码、射频识别、监测分析仪等智能感知设备，迅速全面地采集水文水环境数据、监控设备数据，通过网络传输到信息处理平台进行存储、管理和分析，实现管理部门对水环境信息的实时监控。通过以物联网为基础的水利信息化平台，还可实现水文水资源监测站点测控、数据传输装置以及水利工程的远程监控和设备控制，提高了系统运行的可靠性和稳定性，可有效应对和防止突发性水环境污染事故，为水环境监测和管理提供了便利。

当前物联网技术以互联网技术为基础的，通过应用传输系统与人们的日常生活进行有效的连接，实现了人们日常生活和工作的智能化，提高了人们日常工作的效率。物联网技术的应用，也能够更好地进行数据资源共享。当前人们日常生活中物联网技术的应用主要包括三大范围：感知层、网络层、应用层。感知层即传感设备，这一类设备主要应用在智能卡、电子标签以及GPS和摄像头中，通过合理地应用传感系统，能够更好地对需要的信息及时地进行捕获或者是采集，从而更好地实现智能化。

当前，环保物联网在遵守环境保护的理念的前提下，合理利用相关科学技术，提高环境监测水平，进一步保护环境。随着生态环境的不断恶化，当前很多国家都面临着严重的污染问题，而要想有效地治理环境污染问题，首先就必须要提高环境监测的水平。在最近几年的发展中，我国环境监测工作开始对物联网技术进行合理的应用，并且也已经取得了显著的成效。

7.2 物联网技术原理

物联网体系结构可以分为感知层、网络层、应用层。

7.2.1 感知层

感知层即数据采集层，包括传感器、识读器、读写器、摄像头识别物体、采集信息。感知层的核心技术包括射频技术、传感器技术。水文监测站和数据采集设备通过射频技术和传感器技术被接入互联网，实现对水文数据的采集、处理和分析。在水环境监测系统中，感知层主要包括水质检测仪、传感器、地下水监测仪等。

7.2.2 传输层

传输层主要包括 GPRS 技术、卫星技术和互联网技术，传输层主要负责将获取的水文信息数据通过安全的方式传输到监测控制中心。管理人员会根据不同的应用需求对数据进行处理。物联网的网络传输层承载并传输着大量的数据。网络传输层需要提供高效安全稳定的网络服务，并对现有的网络构成进行扩展和融合。

7.2.3 应用层

应用层由视频监控系统、水环境监测系统、实时数据库系统等组成。应用层主要是负责监测、统计、预警，并对感知层获取到的各种信息数据进行分析，并为水环境监测管理部门提供相应信息数据和各项基础的监管服务，包括水环境及污废水监测、水污染预警、水质公布、污染源管理等。

水环境监测系统架构还包括安全保障和数据存储系统。数据存储中心辅以各类硬件系统，承担数据的接收、存储、分类管理以及转换等任务。安全保障系统贯穿于各层系统架构，包括安全体系、建设与管理体系等，保障整个系统的安全稳定运行。

7.3 物联网在水环境监测系统中的关键技术

7.3.1 射频识别技术

射频识别技术是一种非接触性的智能化自动识别技术，该技术适用于地处偏远地带并且自然条件相对较差的水环境自动监测站点。通过为监测站点安装射频发射装置，射频识别技术可通过射频信号自动识别并获取监测仪器的相关数据。

射频识别技术一般由标签、读写器、天线 3 部分组成。标签部分，是芯片和耦合元件的集成；每个标签都是唯一的电子编码，标签用于目标对象的识别。读写器由基带前端、射频前端和外部接口 3 部分组成，读写器可以实现通信事件调度、以太网对外通信、RF 信号处理以及人机交互等功能。天线部分的功能主要是在读写器和标签之间传递射频信号，读写器通过天线在一定频率中发射信号，扫描到标签时，标签天线从辐射场中获取对应的命令并做出处理，使得天线可以发送自身编码等应答信息。

7.3.2 传感器网络技术

传感器是物质世界的感觉器官，可以通过声、光、电、物体移动等信号来感知物体，为物联网系统收集、传输、分析和反馈提供基础信息。传感器网络节点包括传感单元、通信单元、处理单元。在水环境监测站和相关设备上布置传感器网络节点，通过自组织方式构成无线网络，实时感知监测区域的水环境信息，并将整个区域内的水环境信息传输到远程控制管理中心。以此控制管理中心获取信息，并可借由网络通过传感器来操控和管理监测设备。

7.3.3 GIS 技术

GIS 技术以地理空间为基础，采用地理模型分析方法，实时提供空间和动态的地理信息，是一种为地理研究和地理决策服务的计算机技术系统。通过 GIS 技术，可以为基于物联网的水环境监测系统打造基础的地理空间数据平台，将水环境监测的物联网组成单元集合到一个统一的空间分析系统中，以便快速对水文自动监测站、排污口等进行定位、追踪和控制。同时，GIS 技术可以直观、生动地显示特定区域内水环境质量状况、物联设备的属性信息、空间分布以及最新数据等，可以对监控区域内的水环境质量与监测指标进行内在关系分析和判定。

7.4 物联网在水环境监测中的优势

我国地域辽阔，气候、地质、地形地貌等都有着非常大的地域性差异，在实际环境监测工作中，存在着诸多难度。要想有效地提高环境监测的水平，首先就必须要保证相关的监测设备和监测技术能够到位。如果监测设备和技术无法满足环境监测工作的进行，那么就会大大降低整体的环境监测水平，相关监测数据的准确性和真实性也无法得到有效的保障。

物联网技术被推广应用在环境监测方面取得了良好的环境治理效果，有效地提升了环境监测、保护和治理的水平。物联网技术的环境监测成本较低、环境检测结果准确性和可靠性较高，可以解决许多环境保护监测难题，有着重要的创新意义，并且仍具有良好的发展空间。

7.5 物联网在水环境监测中的应用

在传统的环境监测过程中，有时会遇到无法对有关的环境信息进行全面的采集和分析的情况，但是通过物联网技术就能够有效地解决这一问题，并且还能够对突发的环境事件及时上报。如此一来，专业人士就能够在短时间内对突发环境事件进行分析，从而结合实际情况制定合理有效的方案，加强对生态环境的保护力度。

7.5.1 构建环保物联网地表水监测系统

构建环保物联网地表水监测系统，是实现对相邻河流水流情况的监督和治理的有效途径之一。在构建环保物联网地表水监测系统过程中，要保证监控的范围足够大，充分结合所要监测地区的地表水的相关数据及参数，并对水中的重金属、辐射源等进行监测，保证环保物联网监测的准确性、可靠性和实效性，实现对不同地区地表水量监控。

7.5.2 水质环境监测

在保护水资源过程中，合理应用物理网技术，可以进一步强化水污染防治工作的效果。在水污染治理过程中，工作人员需要分析和处理大量的数据，相关的监测设备也必须要达到监测工作的标准，监测人员应用物联网技术并且要最大限度地发挥物联网技术的功能。这有助于对水质变化的实际情况进行全面的了解，有效地减少水污染问题。

7.5.3 处理污水

在监测污水的过程中，监测人员一般都是直接在出水口对污水进行取样。此种监测方法具有较强的随机性，监测结果不能全面反映污染情况，如此一来，也就不能对水质的实际变化情况进行实时的掌握，也不能为污水处理工作的各项决策提供准确的数据保障。要有效地解决此类问题，必须对物联网技术进行合理的应用，而后依据实际情况制定不同的污水治理方案。

8

结论

水环境保护工作是一项复杂的系统工程，水质自动监测技术是水质监测工作中的重要环节。在水环境监测中应用好水质自动监测技术，它可以提升水质监测工作的高效性和科学性，降低人力和物力资源的损耗，保证水质监测工作的整体效果。

在我国科学技术快速发展的新形势下，水质自动监测技术也随之得到了不断的发展和完善。对于基础水质理化指标，可采用车载式水生态监测技术和水质自动监测站等物联网类监测技术进行测定；对于水色指标以及水生态指标，可通过遥感监测技术以及物化性监测技术等进行高效测定。

水环境监测工作需要在现有技术的基础上，开发新技术，坚持技术创新，不断增强水环境监测的效率，提供更优质的服务，实现环境治理向更好方向发展的目标。

9 展望

展望未来，以满足水环境监测技术全方位发展的迫切需求为导向，在水环境监测平台技术中，智能控制、云存储、物联网、5G通信及人工智能等领域的新技术将被引入并得以推广。在传感技术方面，新材料、新原理、智能传感及传感网络技术的发展将会推动产生微型化、智能化、高可靠性的新型传感技术。在数据综合处理技术中，大数据、知识发现、各学科交叉融合、泛在计算及交互可视等技术将得到广泛应用。而在监测仪器装备研制方面，将在不断提高仪器装备可靠性等性能指标的前提下，由连续现场监测逐渐发展，实现长期原位监测的目标。

9.1 加强传感器技术在水环境监测中的研究和应用

加强化学和生物传感器技术的发展，继续对化学和生物传感器技术进行研究，早日解决海水的定点连续测定的问题。加强传感器抗干扰能力的研究，除了要增强传感器监测技术的研究，还要加强传感器对外界干扰的抵抗能力，使传感器能够在更为艰苦的条件下顺利执行监测工作。加强微机械电子系统分析技术的发展，提高传感器的精度以及其制作过程中的集成技术，能够对极少的目标进行最精确的分析，从而得到更加准确的信息。

9.2 加强地表水监测工作的信息化建设

构建信息化地表水监测模式，对水环境开展高度自动化、远程化的在线监测工作，使得各级地方政府间信息互通，实现真正意义上的信息一体化。信息化的水环境监测模式，可以避免传统监测模式中数据传输滞后的问题，可以快速地对监测数据进行传输并及时反馈监测过程中发现的问题。与此同时，需建设相应的配套管理体系，规范监测流程及相关监测标准，不断完善监管体系。

9.3 优化地表水采样工作模式

根据地表水采样实际情况，结合人工智能、无线网络传感集成技术等技术，构建远程遥控自动化地表水监测体系。在监测系统运行过程中，在监测现场配置自动环境感应装置，对周边环境、水质情况进行持续监测。同时构建配套的云共享平台，自动将监测数据向政府相关部门、环境监测机构进行实时共享，必要时可以进行协同治理与监测。如果出现监测异常情况，人工智能技术能够自动进行问题诊断，分析问题成因，采取控制措施，同时向环境监测机构与发送预警信号。

9.4 加强与其他学科领域的交流与合作

应该注意与其他学科领域的交流与合作。水环境监测主要是对污染物的监测，而这些污染物可能不只存在某一固定范围的特定环境中。因此在研究水环境监测技术的同时，还可以与其他污染物研究部门一起合作。

参考文献

[1] 孙康 . 我国新型水环境监测技术的应用研究 [J] . 环境与发展，2020，32（12）：176，179.

[2] 胡朝伟，李利红 . 城市智能水环境监测平台的设计与实用性探讨 [J] . 皮革制作与环保科技，2020，1（6）：63-66.

[3] 单新颖 . 分析水环境监测信息化新技术的应用 [J] . 科学技术创新，2019（32）：76-77.

[4] 项小清 . 水质监测的监测对象及技术方法综述 [J] . 低碳世界，2013（5）：70-71.

[5] 赵新燕 . 水质在线监测现场控制系统设计与实现 [D] . 长沙：湖南大学，2015.

[6] Desai N，Dhinesh B L D. Software sensor for potable water quality through qualitative and quantitative analysis using artificial intelligence [C] //Technological Innovationin in ICT for Agriculture and Rural Development. IEEE 2015:208-213.

[7] Orozco J，Garciagradilla V，D′Agostino M，et al. Artificial enzyme-powered microfish for water-quality testing [J]. ACs Nano，2016，7（1）：818.

[8] 邱海兵，纪凯，叶玉新，等 . 玉山县七一水库多光谱水质在线监测站运行稳定性分析研究 [J] . 环境与发展，2020，32（9）：157，159.

[9] 孙硕 . 浅谈水质自动监测技术在水环境保护中的应用 [J] . 化工管理，2019（23）：43.

[10] 李林泽，刘飞，叶南，等 . 南京大胜关水质自动监测与人工监测比对分析 [J] . 水利水电快报，2020，41（7）：54-58，69.

[11] 陈泳艺 . 水质自动监测技术及其应用 [J] . 广州化工，2020，48（23）：12-13，16.

[12] 刘美玲，罗克菊，汪晶，等 . 浅谈无人机在水环境监测工作的应用前景 [J] . 资源节约与环保，2018（12）：61.

[13] 宋玥琢 . 分析水环境监测信息化新技术的应用 [J] . 环境与发展，2020，32（8）：165-166.

[14] 李玉男，张婷 . 水环境监测中存在问题分析与对策探讨 [J] . 节能，2020，39（2）：69-70.

[15] 潘中华 . 探究水质自动监测技术在水环境保护中的应用 [J] . 资源节约与环保，2020（3）：47.

[16] 蒋幸幸，许信 . 水环境监测中水质自动监测系统的运用 [J] . 中国科技信息，2020（Z1）：70-71.

[17] 牛军捷. 信息技术在水环境监测中的实践应用 [J]. 信息记录材料，2020，21 (11)：90-91.

[18] 黄道基. 国外水质监测技术革新动向 [J]. 水文，1983 (5)：58-61.

[19] 百度百科，https://baike.baidu.com/item/%E6%B0%B4%E8%B4A8%E5%%9C%A8%E7%BA%BF%E7%9B%91%E6%B5%8B%E7%B3%BB%E7%BB%9F?fromtitle=%E6%B0%B4%E8%B4%A8%E7%9B%91%E6%B5%8B%E7%B3%BB%E7%BB%9Ffromid=15924805.

[20] Xu L，Zhu D，Liu J. Developement of anautomated high-throughput water quality test equipment [J] .Analytical Instrumentation，2015 (4)：1-5.

[21] 鹿遥. 基于云架构的水质自动监测系统软件的设计与实现 [D]. 哈尔滨：哈尔滨工业大学，2014.

[22] Bo H，Albrechtsen H，Smith C，et al. A novel，optical，on-line bacteria sensor for monitoring drinking water quality [J]. Scientific Reports，2016，6：23935.

[23] 曹娟，王雪松. 国内外无人船发展现状及未来前景 [J]. 中国船检，2018 (5)：94-97.

[24] 张树凯，刘正江，张显库，等. 无人船艇的发展及展望 [J]. 世界海运，2015，38 (9)：29-36.

[25] Ørnulf Jan RØDSETH，Burmeister H C. Developments toward the unmanned ship [C]. International symposium on information on ships，German Institute of Navigation.2014.

[26] R DSETH Ø J，TJORA Å. A system architecture for an unmanned ship [C]. proceedings of the International Conference on Computer and It Applications in the Maritime Industries，F，2014.

[27] 高宗江，张英俊，孙培廷，等. 无人驾驶船舶研究综述 [J]. 大连海事大学学报，2017，43 (2)：1-7.

[28] R DSETH Ø J. From concept to reality：unmanned merchant ship research in Norway [C]. proceedings of the Underwater Technology，F，2017.

[29] 万接喜. 外军无人水面艇发展现状与趋势 [J]. 国防科技，2014，35 (5)：91-96.

[30] 柳晨光，初秀民，吴青，等. USV 发展现状及展望 [J]. 中国造船，2014 (4)：194-205.

[31] 廖煜雷. 无人艇的非线性运动控制方法研究 [D]. 哈尔滨工程大学，2012.

[32] Veers J，Bertram V. Development of the USV multi-mission surface vehicle III [C]. proceedings of the International Conference on Computer Applications and Information

Technology in the Maritime Industries，F，2006.
[33] Unlimited D.The Navy Unmanned Surface Vehicle（USV）Master Plan [J] . 2007.
[34] 孔庆福，吴家明，贾野，等 . 舰船喷水推进技术研究 [J] . 舰船科学技术，2004，26（3）：28-30.
[35] 毕宗杰 . 阿什河流域水质模型及评估技术研究 [D] . 哈尔滨：哈尔滨工业大学，2012.
[36] 何志锋 . 水质自动监测系统在水环境中的技术应用 [J] . 节能，2019，38（7）：80-81.
[37] 王楠 . 水质监测用无人船的自主导航研究及其系统开发 [D] . 沈阳：沈阳工业大学，2020.
[38] 操秀英 . 无人船怎么监测天气？[N] . 科技日报，2008，09，05（5）.
[39] 严新平 . 智能船舶的研究现状与发展趋势 [J] . 交通与港航，2016，3（1）：25-28.
[40] 杨雪锋，张英俊，刘文，等 . 海上远距离目标探测中的红外图像增强算法 [J] . 大连海事大学学报，2015，41（4）：102-107，132.
[41] 罗泽 . 船载热成像中海面远程目标自适应阈值检测方法研究 [D] . 大连：大连海事大学，2016.
[42] 高宗江，张英俊，朱飞祥，等 . 远洋船舶避台航线设计算法 [J] . 大连海事大学学报，2013，39（1）：39-42.
[43] Szpak Z L，Tapamo J R. Maritime surveillance：tracking ships inside a dynamic background using a fast level-set [J] . Expert Systems with Applications，2011，38（6）：6669-6680.
[44] Norstad I，Fagerholt K，Laporte G. Tramp ship routing and scheduling with speed optimization [J] . Transportation Research Part C Emerging Technologies，2011，19（5）：853-865.
[45] Yuankui L，Yingjun Z，Feixiang Z. Minimal time route for wind-assisted ships [J] . Marine Technology Society Journal，2014，48（3）：115-124.
[46] 刘伊凡，孙培廷，张跃文，等 . 船舶能效营运指数预测的建模及仿真分析 [J] . 哈尔滨工程大学学报，2016，37（8）：1015-1021.
[47] MA F Y. Analysis of energy efficiency operational indicator of bulk carrier operational data using grey relation method [J] . Journal of Oceanography & Marine Science，2014，5（4）：30-6.
[48] CORADDU A，FIGARI M，SAVIO S. Numerical investigation on ship energy efficiency by Monte Carlo simulation [J] . Proceedings of the Institution of Mechanical

Engineers Part M Journal of Engineering for the Maritime Environment, 2014, 228（3）: 220-34.
[49] 王新全，孙培廷，邹永久，等．基于GA-BP模型的船舶柴油机排气温度趋势预测[J]．大连海事大学学报，2015，41（3）：73-76.
[50] 张剑，张跃文，邹永久等．基于热经济学结构理论的船舶柴油机系统故障诊断[J]．大连海事大学学报，2014，40（03）：94-98.
[51] 及铁嵘．云洲智能："万能"无人船[J]．创业邦，2014（8）：40-41.
[52] 程乾，陈奕霏，李顺达，等．基于高分1号卫星和地面实测数据的杭州湾河口湿地植物物种多样性研究[J]．自然资源学报，2016，31（11）：1938-1948.
[53] 戴舒雅，余俭，丁波，等．生物监测在水环境监测中的应用及发展趋势[J]．污染防治技术，2013，26（5）：62-65，71.
[54] 孔赟，朱亮，吕梅乐，等．三维荧光光谱技术在水环境修复和废水处理中的应用[J]．生态环境学报，2012，21（9）：1647-1654.
[55] 王凯．无人机在水环境监测工作中的应用分析[J]．造纸装备及材料，2020，49（4）：66-67.
[56] 吴江涛．浅谈新技术在水环境监测中的应用[J]．能源与节能，2016（11）：110-111，162.
[57] 戴肖云．物联网技术在环境监测中的应用[J]．中国资源综合利用，2019，37（12）：162-163.
[58] 雷荣荣．地表水环境监测进展问题分析[J]．当代化工研究，2020（17）：106-107.
[59] 李明明．自动监测技术在水环境保护中的应用[J]．中国新技术新产品，2020（15）：120-121.
[60] 孙海林，李巨峰，朱媛媛．我国水质在线监测系统的发展与展望[J]．中国环保产业，2009（3）：12-16.
[61] 胡宁．水质自动监测技术的发展分析[J]．低碳世界，2017（7）：9-10.
[62] 吴慧．水环境保护中水质自动监测技术的应用探究[J]．信息记录材料，2019，20（11）：131-132.
[63] 曹军．车载式水质监测技术在水环境保护中的研究与应用[J]．中国资源综合利用，2018，36（6）：123-125.
[64] 孟梅．水质自动监测技术研究[J]．资源节约与环保，2019（9）：67，88.
[65] 罗强．地表水环境自动监测技术应用与发展趋势[J]．中国资源综合利用，2020，38（3）：47-49.

[66] 刘潞 . 水质自动监测技术在水环境保护中的应用 [J] . 环境与发展，2019，31（6）：156，158.
[67] 张琦 . 城市地下水环境监测系统的应用 [J] . 环境与发展，2020，32（5）：180-181.
[68] 杨旭光，夏凡，左涛 . 水质自动监测站建设与运行管理若干问题探讨 [J] . 人民长江，2012，43（12）：99-102.
[69] 赵侠 . 探究地表水水质自动监测站建设的要点问题 [J] . 环境与发展，2019，31（5）：175，177.
[70] 杨羽菲 . 基于流域水生态环境的监测技术方法与优化验证 [C] . 中国环境科学学会科学技术年会，中国江苏南京，F，2020.
[71] 王丽伟，樊引琴，渠康，等 . 水质自动监测站建设与应用调研 [J] . 水利水文自动化，2008（4）：42-44.
[72] https：//baike.baidu.com/item/%E6%B5%AE%E6%A0%87/375571?fr=aladdin.
[73] 王亦斌，孙涛，王亦宁，等 . 多参数水质在线监测浮标在内河水质评价中的应用 [J] . 江苏水利，2020（7）：14-17.
[74] 李强 . 浮标站在水环境监测中的应用 [J] . 北方环境，2013，25（4）：139-141.
[75] 袁野 . 无人船实验平台设计与实现 [D] . 上海：上海交通大学，2018.
[76] Lakkis I. Method and apparatus for signaling transmission characteristics in a wireless communication network，US20100157907A1 [P] . 2009.
[77] Gavita E，Mirarchi A. Method and apparatus for controlling the transmission of streaming content in a wireless communication network，US9264934 [P] .2016.
[78] Passos L，Novakovic M，Xiong Y，et al. A study of non-Boolean constraints in variability models of an embedded operating system [C] Software Product Lines-International Conference.. Workshop Proceedings（Volume 2）. DBLP 2011.
[79] Sapienza G，Seceleanu T，Crnknovic I. Partitioning Decision Process for Embedded Hardware and Software Deployment [C] IEEE，Computer Software and Applications Conference Workshops. IEEE Computer Society，2013:674-680.
[80] 孙红巍 . 流域水质在线监测与预警技术的研究 [D] . 哈尔滨工业大学，2017.
[81] 侯平仁 . 无人多功能海事船自主航行系统研究与设计 [D] . 武汉理工大学，2012.
[82] 陈洪攀 . 基于毫米波雷达与单目视觉融合的无人机自主避障系统 [D] . 西安电子科技大学，2018.
[83] 吴宇 . 小型移动水质监测系统的研究 [D] . 杭州：浙江大学，2013.
[84] 李家良 . 水面无人艇发展与应用 [J] . 火力与指挥控制，2012，37（6）：203-207.

[85] 郑恒，白雪.解秘“无人船”的前世今生[J].上海信息化，2015(4)：24-27.
[86] 蔡树群，张文静，王盛安.海洋环境观测技术研究进展[J].热带海洋学报，2007(3)：76-81.
[87] 漆随平，厉运周.海洋环境监测技术及仪器装备的发展现状与趋势[J].山东科学，2019，32(5)：21-30.
[88] 李健，陈荣裕，王盛安，等.国际海洋观测技术发展趋势与中国深海台站建设实践[J].热带海洋学报，2012，31(2)：123-133.
[89] 张云海，汪东平，谭华.我国海洋环境综合监测装备与技术发展综述[C].中国海洋学2013年学术年会第14分会场海洋装备与海洋开发保障技术发展研讨会论文集，中国上海，2013：152-163.
[90] 朱心科，金翔龙，陶春辉，等.海洋探测技术与装备发展探讨[J].机器人，2013，35(3)：376-384.
[91] 吴雄斌，张兰，柳剑飞.海洋雷达探测技术综述[J].海洋技术学报，2015，34(3)：8-15.
[92] 黄必桂，唱学静，石新刚.我国海上固定平台水文气象观测网发展现状及存在的问题[J].海洋开发与管理，2016，33(5)：104-108.
[93] 王波，李民，刘世萱，等.海洋资料浮标观测技术应用现状及发展趋势[J].仪器仪表学报，2014，35(11)：2401-2414.
[94] 胡展铭，史文奇，陈伟斌，等.海底观测平台——海床基结构设计研究进展[J].海洋技术学报，2014，33(6)：123-130.
[95] 陈质二，俞建成，张艾群.面向海洋观测的长续航力移动自主观测平台发展现状与展望[J].海洋技术学报，2016，35(1)：122-130.
[96] Paull L，Saeedi S，Seto M，et al. AUV navigation and localization：a review[J]. IEEE Journal of Oceanic Engineering，2014，39(1)：131-149.
[97] 张洪欣，马龙，张丽婷，等.水下机器人在海洋观测领域的应用进展[J].遥测遥控，2015，36(5)：23-27.
[98] 贾蕴，申景诗，崔久鹏，等.空天一体海洋环境监测网体系研究[C].中国惯性技术学会高端前沿专题学术会议—钱学森讲坛：天空海一体化水下组合导航，中国北京，F，2017.
[99] 杜文弓.浅谈水环境监测用水上无人机的技术特点及设计要求[J].河北农机，2018(9)：67.
[100] 齐鑫.浅谈生物技术在水环境监测中的应用[J].化工管理，2020(1)：135-136.
[101] 吴勇剑，张永，苑克磊，等.海洋环境监测中的生物传感技术[J].科技创新与

应用，2021（2）：144-146.
[102] 程英，裴宗平，邓霞，等．生物监测在水环境中的应用及存在问题探讨［J］．环境科学与管理，2008（2）：111-114.
[103] 李民峰，李俊萱．基于生物监测技术在水环境中的应用及研究［J］．低碳世界，2019，9（008）：52-53.
[104] 张述伟，孔祥峰，姜源庆，吕婧，吴宁，张婧，马然，邹妍．生物监测技术在水环境中的应用及研究［J］．环境保护科学，2015，41（5）：103-107.
[105] 曹颖．浅谈生物技术在水环境监测中的应用［J］．中外企业家，2019（10）：148.
[106] 向杰．浅析生物监测在水环境污染监测中的应用［J］．农业与技术，2014，34（4）：16.
[107] 张翠菊．生物监测技术在水环境监测中的应用［J］．中国资源综合利用，2020，38（12）：69-70，79.
[108] Baldina E A，Leeuw J D，Gorbunov A K，et al. Vegetation change in the Astrakhanskiy Biosphere Reserve（Lower Volga Delta，Russia）in relation to Caspian Sea level fluctuation［J］. Environmental Conservation，1999，26（3）：169-178.
[109] 郭浩．卫星遥感技术在我国环境监测领域中的应用［J］．皮革制作与环保科技，2020，1（7）：45-49.
[110] 鲁小虎，张笑枫．基于功能的资源三号测绘卫星应用分析［J］．科技创新导报，2013（16）：240-241.
[111] 朱红，刘维佳，张爱兵．光学遥感立体测绘技术综述及发展趋势［J］．现代雷达，2014，36（6）：6-12.
[112] 耿春香，刘广东．遥感技术在生态环境监测中的应用研究［J］．信息记录材料，2019，20（4）：140-141.
[113] 张伟男．遥感技术在水环境和大气环境监测中的应用研究进展［J］．智能城市，2019，5（19）：131-132.
[114] 申茜，朱利，曹红业．城市黑臭水体遥感监测与筛查研究进展［J］．应用生态学报，2017，28（10）：3433-3439.
[115] 万风年，纪晓亮，朱元励，等．应用遥感监测城市水体水质研究［J］．浙江农业科学，2013（3）：349-355.
[116] 张克，张凯，牛鹏涛，等．遥感水质监测技术研究进展［J］．现代矿业，2018，34（11）：171-174，202.
[117] 李晓红．遥感技术在水环境和大气环境监测中的应用研究进展［J］．绿色环保建

材，2020（6）：38，41.

［118］倪见．遥感技术在水生态环境管理的应用与前景［J］．绿色环保建材，2020（11）：42-43.

［119］杨光超．遥感技术在水环境工程中和大气环境监测中的应用研究进展［J］．居舍，2019（25）：161.

［120］袁文静，董翔宇．基于遥感技术的生态环境监测与保护应用研究［J］．中国科技信息，2020（19）：89-90.

［121］张庆，于晓章，李艳红，等．水环境监测中遥感技术的应用研究［J］．信息记录材料，2019，20（10）：125-127.

［122］孟庆庆．水环境监测中遥感技术的应用探讨［J］．环境与发展，2020，32（7）：79，81.

［123］Johnbaichtal. 无人机 DIY［M］．北京：人民邮电出版社，2016.

［124］吴橙．浅谈无人机在黄河宁夏段水文监测的发展方向及应用［J］．水能经济，2018，2000（4）：332-333.

［125］李紫薇，曹红杰，刘煜彤，等．无人机海监测绘遥感系统的应用前景［J］．遥感信息，1998（4）：34-35.

［126］林波海，李治湘，朱粉玉，等．YG-2 型荧光分光光度计的试制［J］．生物化学与生物物理进展，1980（5）：65-71.

［127］何永安．三维荧光光谱技术简介［J］．分析测试通报，1983（4）：63-69.

［128］Lloyd J B F. Synchronized excitation of fluorescence emission spectra［J］. Nature，1971，231（20）：64-65.

［129］A E K，A O Q，B G J，et al. Investigation of human plasma low density lipoprotein by three-dimensional flourescence spectroscopy［J］. FEBS Letters，1986，198（2）：229-234.

［130］朱桂海，M Brooks J. 三维全扫描荧光光谱在海洋石油勘探中的应用［J］．石油实验地质，1987（3）：240-249.

［131］李本超，朱詠煊，雷剑泉．地质样品的同步和三维荧光光谱及其地球化学意义［J］．地质地球化学，1989（4）：67-68.

［132］王伦，周运友，孙益民，等．三维荧光光谱法测定工业废水中的苯胺［J］．环境科学，1995（2）：63-64，95.

［133］Yue Y，Liu J，Fan J，et al. Binding studies of phloridzin with human serum albumin and its effect on the conformation of protein［J］. Journal of Pharmaceutical and Biomedical Analysis，2011，56（2）.

[134] B E M C A, A J B, C A B, et al. Fluorescence spectroscopy for wastewater monitoring: a review [J]. Water Research, 2016, 95: 205-219.
[135] Tartakovsky B, Lishman L A, Legge R L. Application of multi-wavelength fluorometry for monitoring wastewater treatment process dynamics [J]. Water Research, 1996, 30(12): 2941-2948.
[136] Ahmad S R, Reynolds D M. Synchronous fluorescence spectroscopy of wastewater and some potential constituents [J]. Water Research, 1995, 29(6): 1599-1602.
[137] 汪之睿，于静洁，王少坡，等. 三维荧光技术在水环境监测中的应用研究进展 [J]. 化工环保，2020，40(2)：125-130.
[138] 蔡文良. 嘉陵江重庆段多环芳烃及溶解性有机质的污染特征及源解析 [D]. 重庆：重庆大学，2012.
[139] 施俊，王志刚，封克. 水体溶解有机物三维荧光光谱表征技术及其在环境分析中的应用 [J]. 大气与环境光学学报，2011，6(4)：243-251.
[140] 包金梅. 废水处理过程中溶解性有机物荧光研究 [D]. 合肥：安徽建筑大学，2013.
[141] 路雪峰. 基于三维荧光谱的油类鉴别方法研究 [D]. 天津：天津大学，2012.
[142] 侯镱得，路文初. 三维全扫描荧光法在油田单井评价中的应用研究 [J]. 分析测试学报，1995，14(4)：33.
[143] 鄢远，王乐天，林竹光，等. 三维荧光光谱总体积积分法同时测定多环芳烃 [J]. 高等学校化学学报，1995，16：15-19.
[144] 傅平青. 水环境中的溶解有机质及其与金属离子的相互作用——荧光光谱学研究 [D]. 中国科学院研究生院（地球化学研究所），2004.
[145] 金海龙. 基于荧光机理的海藻识别方法与实验研究 [D]. 秦皇岛：燕山大学，2006.
[146] 吕江涛. 基于荧光机理的水中油类污染物检测识别技术研究 [D]. 秦皇岛：燕山大学，2010.
[147] 江丕栋. 二维荧光光谱与多道光检测器 [J]. 生物化学与生物物理进展，1984(5)：47-51.
[148] 许金钩，王尊本. 荧光分析法 [M]. 北京：科学出版社，2006.
[149] 祝鹏，廖海清，华祖林，等. 平行因子分析法在太湖水体三维荧光峰比值分析中的应用 [J]. 光谱学与光谱分析，2012，32(1)：152-156.
[150] 张晓燕. 基于三维荧光光谱的饮用水有机物定性判别方法研究 [D]. 杭州：浙江大学，2018.

[151] 赵蓓，曹新垲，王敏，等. 样品前处理对三维荧光检测的影响 [J]. 净水技术，2017，36（S2）：44-50.
[152] 韩震，陈西庆，恽才兴. 海洋高光谱遥感研究进展 [J]. 海洋科学，2003（1）：22-25.
[153] 娄全胜，陈蕾，王平，等. 高光谱遥感技术在海洋研究的应用及展望 [J]. 海洋湖沼通报，2008（3）：168-173.
[154] 王锦锦，李真，朱玉玲. 高光谱影像在海洋环境监测中的应用 [J]. 卫星应用，2019（8）：36-40.
[155] 潘德炉，Gower J F G，林寿仁. 荧光法遥感海面叶绿素浓度的波段选择研究 [J]. 海洋与湖沼，1989（6）：564-570.
[156] 周舟，张万磊，江文胜，等. 渤海表层悬浮物浓度长期变化（2003—2014年）的卫星反演研究 [J]. 中国海洋大学学报（自然科学版），2017，47（3）：10-18.
[157] 何贤强，潘德炉，黄二辉，等. 中国海透明度卫星遥感监测 [J]. 中国工程科学，2004（9）：33-37，96.
[158] 王晓梅，唐军武，丁静，等. 黄海、东海二类水体漫衰减系数与透明度反演模式研究[J]. 海洋学报（中文版），2005（5）：38-45.
[159] 赵冬至，张丰收，杜飞，等. 基于高光谱反射率的藻类水体基线荧光峰高度与叶绿素 a 浓度关系研究 [J]. 高技术通讯，2004.
[160] 李四海. 海上溢油遥感探测技术及其应用进展 [J]. 遥感信息，2004（2）：53-57.
[161] 吴龙涛，吴辉碇，孙兰涛，等. MODIS 渤海海冰遥感资料反演 [J]. 中国海洋大学学报（自然科学版），2006（2）：173-179.
[162] 韩彦岭，李珏，张云，等. 利用改进相似性度量方法进行高光谱海冰检测 [J]. 遥感信息，2018，33（1）：76-85.
[163] 周昊. 浅谈物联网技术在水环境监测系统中的应用 [J]. 治淮，2019（3）：50-51.
[164] 刘永丽，马芳. 环境监测中物联网技术的应用 [J]. 科技风，2020（32）：120-121.
[165] 马帅. 物联网技术在环境监测中的应用 [J]. 科技资讯，2020，18（11）：11-12.
[166] 李菁华. 现代生物技术在环境监测中的应用研究 [J]. 资源节约与环保，2015（6）：99.
[167] 吴勇剑，刘晓飞，林森，等. 海洋环境监测与现代传感器技术 [J]. 信息记录材料，2020，21（10）：29-30.
[168] 刘峰. 环境监测中生物监测的应用探析 [J]. 绿色环保建材，2020（2）：84，86.